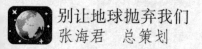

别让地球抛弃我们

张海君　总策划

别让它们离开我们

石晓娜　主编

保护环境，我们要行动！
爱护动植物就是爱护自己的家园。
保护绿色植物，珍惜我们的环境，
关爱野生动物，保护美好家园。
同在地球上，共享大自然。
地球上不能只剩下人类！

北京燕山出版社
YSP　BEIJING YANSHAN PRESS

图书在版编目（CIP）数据

别让它们离开我们 / 石晓娜主编 . — 北京 : 北京
燕山出版社 , 2011.4
ISBN 978-7-5402-2615-2

Ⅰ . ①别… Ⅱ . ①石… Ⅲ . ①动物保护—普及读物②
植物保护—普及读物 Ⅳ . ① S863-49 ② S4-49

中国版本图书馆 CIP 数据核字 (2011) 第 066663 号

别让它们离开我们

主　　编：石晓娜

责任编辑：李　涛

封面设计：晴晨工作室

责任校对：杨富丽

出版发行：北京燕山出版社有限公司

地　　址：北京市丰台区东铁营苇子坑路 138 号 (邮编 100078)

电　　话：010-65240430

印　　刷：天津画中画印刷有限公司

开　　本：710mm × 1000mm　　　　1/16

字　　数：150 千字

印　　张：13

版　　次：2019 年 11 月第 2 版

印　　次：2019 年 11 月第 2 次印刷

定　　价：29.80 元

发现印装质量问题，请与印厂联系调换。

内 容 简 介

　　濒危，濒危，为什么我们要等到某些物种濒危了才去采取保护措施？

　　动物、植物都是有生命的。也许有一天，洪水暴发，沙尘暴暴发，人类即将灭绝，那时你还能犹豫吗？也许有一天，动植物将全部死亡，那时你才想到现在不该不植树造林吗？要是植物全部灭绝时，你还能呼吸到现在的新鲜空气吗？

　　我们都不会想过这样的生活，那么，我们就动起手来吧，一起美化我们的绿色家园，创造美好环境，保护动植物！只有这样，人类才会创造出未来的美好环境。

　　让我们携起手来，好好地保护这些美丽可爱的生灵，和它们做朋友，一起共创美好未来！

前　言

绿色代表着生命，充满着希望！它的存在把大自然装扮得更加美丽动人！每当看到和想到绿色时，我们心中就会产生一种催人奋进的力量，使我们顿时感到热血沸腾，奋发向上！绿色是整个大自然中最引人注目的希望之色，她紧紧地拥抱着大自然，无私地释放着自己的能量，默默地装扮着山川、田野、公园、家……

自然是伟大的，生命是可贵的，世界因生命的存在而精彩动人。而我们人类在惊叹大自然有多么美丽的同时，也在不断地伤害我们的地球母亲。大自然无私地给予了我们无尽的财宝，可贪婪的人类却不是知恩图报，不但不保护大自然，反而去破坏自己的栖息之地。虽然我们自己得到了一时的便利，可后果却不堪设想，我们的地球家园到处遭受着破坏，甚至连南极、西藏都成了人类的"突击地"。

在我们的记忆中，我们的家是这样的：

春天是一幅生动而充满生机的照片，美丽奇特的花朵绽放出自己的笑脸，顽皮的小草也从地里探出了头。"不知细叶谁裁出，二月春风似剪刀。"多么美的一幅图画啊！

夏天的画卷里有亭亭玉立的荷花，微风徐徐吹来，翩翩起舞，芬芳无比，真是美不胜收！

秋天，金黄的落叶铺成小道，田野上处处能看到丰收的喜悦与欢乐，桂花树十里飘香，如此之美景谁能忘怀？

冬天，看着雪花纷纷飘落，所到之处，都是银装素裹，大家享受着雪花带来的欢乐，谁能说这不是地球带给我们的恩泽？可是在享受这个资源宝库的同时，我们是否想过该如何珍惜这个能给我们带来喜悦的地球家园？

　　可是，现实中的景况又是什么样的呢？如果说发展经济要以危害人体健康和生物的生命活动为代价，那么，请问，发展经济还有什么用呢？难道非要等到这个世界满是垃圾，每天都是沙尘暴袭来，没有水供我们饮用时，我们才能够觉醒吗？相信那时就已经太晚了！地球是宇宙间唯一一个能供我们生存的空间，是它孕育了我们世世代代，我们每一个人都需要爱护我们的生存环境，爱护我们的地球母亲。希望全世界的人们都能够树立起真正的环保意识，共同携起手来，打一场消除污染、保护绿色的全球性人民战争，使我们共有的家园的天更蓝、水更清、草更绿、心更纯、山更秀、人更美！让我们赖以生存的地球变成真正的"绿色家园"。

　　为了我们共同的家，我们要从我做起，从点点滴滴做起，为保护生态环境、拯救地球家园而努力。

编者

2011年4月

目 录

第七章　珍爱它们，我们应该怎么做

第一章
你对它们了解的是不是还不够呢

 一、什么是物种

从生物学家林奈开始，我们确定了自然界是由物种组成的；从达尔文开始，我们知道物种是不断演化的。然而，对于物种的标准，即如何定义物种，生物学家们仍争论不休，无法统一标准。直到今天，物种仍是生物学中最具争议的一个概念。然而，物种是生物世界的基本结构单元。

现代普遍接受的物种定义为：物种是一级生物分类单元，代表一群形态上、生理、生化上与其他生物有明显区别的生物。通常这群生物之间可以交换遗传物质，产生有生育能力的后代。这种定义也称为生物种定义，或生殖种定义。

物种与物种以上分类单元不一样，是一个可以随时间而变化的个体集合，是真实的存在。物种是生物多样性，即遗传多样性、物种多样性和生态系统多样性中的基本层次。

到目前为止，读者可能会问：生物为什么以物种存在?

物种是生物对环境异质性的应答，是生物进化的基本单元，是生态系统的基本功能单元。最重要的一点，生物物种的不连续性抵消了有性生殖所带来的遗传不稳定性。所以，生物以物种存在。

然而，物种是一个颇有争议的概念。从达尔文时代开始，物种的概念一直在演化。尽管我们强调生物种的概念，但是在实践中以生殖隔离来区分物种常常是不可取的。然而，若不以生殖隔离来区分物种，物种的分类只能依靠专家的经验标准。在不同的动物类群中，分类学家划分物种的标准不同，大家无法统一物种的标准。现在除了生物种概念以外，还存在模式种、生态种、时间种、分支种等物种概念。

模式种概念：源于柏拉图和亚里士多德的哲学思想，即宇宙的多样性是存在宇宙中的有限数目的"模"。每一个种有标准的形式，即所谓的形态"模"。

人类的进化

唯名论种概念：达尔文在《物种起源》一书中有如下描述"物种这个名词，笔者认为完全是为了方便起见任意用来表示一群相互密切类似的个体的"。看来，即使专门研究物种起源的达尔文对于物种概念的实质也是不清楚的。

群体种概念：生物种是一些具有形态和遗传相似性的种群组成，种内个体的相似性大于种间个体的相似性。

表型种概念：生物种是表型上能识别的生物个体的集合。

生态种概念：物种是生态系统的功能单元，每个物种占据一个生态位。

时间种概念：当一个物种的后代随着时间的演化，当表型的差异足以区别与其祖先的区别时，那么，一个新的时间种形成了。

分支种概念：针对物种在空间上是间断分布的而在时间上是连续分布的悖论，德国动物学家威利·亨尼希及他的追随者建立了支序理论，他认为与其将生殖隔离作为种的标准，不如将生物进化每个分支事件，即两个线系的衍征产生作为物种的识别标准。

二、全球与中国的物种

40亿年前，海洋开始孕育生命物质，地球生命的脉搏开始跳动。亿万年来，生命不断产生、进化，又不断衰退、灭亡，经历了沧桑巨变，最终演化形成了今天地球上这一生机勃勃、繁花似锦的生命格局。

（一）世界上有多少物种

"世界上有多少物种"这个问题是著名理论生态学家罗伯特·梅的一篇著名论文的标题。令生物分类学家难堪的是，我们还不知道目前地球上生物物种的确切数目。全世界有1300万～1400万个物种，但科学家描述过的仅约有175万种。实际上，科学家描述过的物种和被认为是有效物种的准确数目对大多数类群来说是不清楚的。人们对高等植物和脊椎动物的了解相对比较清楚，对其他类群如昆虫、低等无脊椎动物、真菌等次之，最不了解的还是微生物。对某些已经描述过的类群，物种数目是相对准确的。如到1991年已记录的细菌有3058种，但仍然有很大一部分细菌没有被记录。即使已经记录的物种，不同的分类学家的分类标准也不完全相同，所以，不同的分类学家估计的物种数目也不同。每年世界上都有新的物种被发现。哺乳动物是一个研究得较为深入的类群，但1992年5月在越南的原始森林中仍然发现了一个新属中南大羚属。几乎是在同一时间，在纳米比亚的热带雨林中也发现了紫葳科的一个新属，是当地森林建群种。研究表明，从长度为10米到长度为1厘米的动物长度每减少$1/10$，物种数目将增加100倍。如此看来，我们对昆虫、低等无脊椎动物等的物种数目了解还远远不够。

（二）中国有多少物种

我国疆域辽阔，地形气候复杂，南北跨越寒、温、热三带，生态环境多样，孕育了丰富的物种资源。同时，由于中国具有独特的自然历史条件，特别是第三纪后期以来，中国的动植物区系受冰川影响较小，保留了许多北半球其他地区

我国的东北虎

早已灭绝的古老孑遗和残遗的种类。中国动植物区系具有自己的特色。

我国是生物多样性丰富的国家之一，从已记录的物种数目上来看，中国哺乳类物种数目居世界第3位，鸟类物种数目居世界第10位，两栖类物种数目居世界第6位，种子植物物种数目居世界第3位。即使如此，新分类群和新记录仍在不断被发表和增加。各类群研究工作的深度和广度已差异很大，如占生物界56.4%的昆虫，估计在中国有15万种以上的昆虫，而已定名的只有5.1万种左右，约占总数的$\frac{1}{4}$。相对来说，哺乳类、鸟类、爬行类、两栖类及鱼类，苔藓、蕨类、裸子植物和被子植物中已知种数较为清楚。

三、生物与环境的微妙关系

在一个温暖的夏季早晨，当太阳升起的时候，内布拉斯州的一个"小镇"已经充满了生机和活力。一些"居民"在为建设自己的家园而努力工作——它们在地下搞"建设"，尽管那里黑，但颇为凉爽；

另一些"居民"正在为早餐采集植物果子；"小镇"上的一些年幼的"居民"在嬉戏玩耍，在草地上相互追逐。

突然，一位年长者发现一个可怕的影子正在接近——天敌已经出现在天空中！这位年长者大叫了几声，向同伴发出了警告。一瞬间，"小镇"上的"居民"立即躲进了地下室。除了一只鹰在天空中盘旋外，"小镇"变得十分宁静。

你猜出这是一个什么样的"小镇"了吗？答案为，这是一个在内布拉斯州平原的草原犬鼠"小镇"。当这些草原犬鼠在打地洞、寻找食物和躲避鹰的袭击时，它们就与周围的环境发生了相互作用。草原犬鼠既要与生物，如草地和鹰等发生相互作用；又要与非生物，如土壤等发生相互作用。在一个特定的区域中，所有相互作用的生物与非生物构成一个生态系统。

草原仅仅是地球上许多生态系统中的一种。生物能安家的另一些生态系统包括山溪、深海和密林等。

（一）栖息地

草原犬鼠是一种生物。生物生活在一个生态系统中的某个特定的位置。一种生物为了生存、成长和繁殖，必须从其周围的环境中获取所需的食物、水、庇护场所和其他物质。生物生活于其中，并且能给生物提供生存所需物质的场所，称为栖息地。

草原犬鼠

一个独立的生态系统包含了许多的生物栖息地。例如，在一个森林生态系统中，蘑菇长在潮湿的土壤上，野兔生活在森林的地面上，白蚁生活在大树枝干的皮下，啄木鸟则在枝干上筑巢。

生物之所以在不同的栖息地生活，是因为它们有不同的生存需要。草原犬鼠从它的栖息地获取其生存所需的食物和窝巢。草原犬鼠在热带雨林或海岸岩石带上就不能生存。同样，草原满足不了大猩猩、企鹅和寄居蟹的生存需要。

（二）生物因素

每种生物都与它所处的环境中的其他生物和非生物发生相互作用。一个生态系统中的生物部分称为生物因素。草原犬鼠所处的生态系统中的生物因素包括牧草和能提供种子和果仁的植物。捕食草原犬鼠的鹰、鼬、獾也是生物因素。此外，牧草下土壤里的蚯蚓、真菌和细菌也是生物因素。当这些生物分解其他生物的遗体时，它们提供了营养物，使得土壤保持肥沃。

（三）非生物因素

一个生态系统中的非生物部分称为非生物因素。在大草原中对生物产生影响的非生物因素与大多数生态系统的情况是十分相似的。这些非生物因素包括：水、阳光、氧气、温度和土壤等。

1.水　一切生物都需要水来维持生命。水也是大多数生物体的主要组成部分。例如，人体大约65%是水，西瓜中的水超过95%。实际上，水对植物和藻类而言是非常重要的，这些生物利用水，与阳光和二氧化碳一起进行光合作用，形成所需的养料。另一些生物通过吃植物和藻类而获得能量。

2.阳光 阳光对植物的光合作用来说是必不可少的，所以，对于植物、藻类和其他生物来说，阳光是一个需要的非生物因素。在阳光照不到的地方，例如，在黑暗的洞穴里，植物是很难生长的。若没有植物和藻类提供食物来源，只有极少数特殊生物能够生存。

温暖的阳光

3.氧气 大多数生物需要氧气来维持生命，氧气对人类生命活动是非常重要的。假如没有氧气，我们只能存活几分钟。生活在陆地上的生物从空气中获得氧气，空气中氧气占21%。鱼和其他水生生物从水中获得溶解在其中的氧气。

4.温度 一个地区的气温特点决定了生活在这个地区生物的种类。例如，如果到炎热的热带岛屿去旅行，你将会看到许多棕榈树、漂亮的木槿花和小蜥蜴，这些生物在寒冷的西伯利亚平原不能生存。而具有厚厚毛皮的狼和树枝短粗的矮柳树能适应西伯利亚狂风呼啸的冬季。

有些动物通过改变环境来克服酷热或严寒的气温状况。例如，北美草原犬鼠在地下挖洞做巢，可以躲避夏季烈日。在寒风刺骨的冬季，它们在洞穴里铺上草，可以保暖。

5.土壤 土壤由岩石碎片、营养物、空气、水和生物腐烂后的残留物等构成。不同区域的土壤，上述物质的含量也不同。一个区域的土壤类型影响着在这里生长的植物种类。许多动物，如草原犬鼠用土壤本身做窝。数以亿计的微生物，如细菌，也生活在土壤里。这些微生物通过分解其他生物的遗体，在生态系统中扮演了重要的角色。

 四、我们来研究一下生物种群吧

（一）什么是生物种群

1900年，一些旅行者在得克萨

斯州发现了面积是达拉斯城2倍大的一个草原犬鼠"都市"。这个四通八达的"都市"居然拥有4亿只以上的草原犬鼠！所有这些草原犬鼠属于一个物种，即生物的一个种类。同一物种的生物，具有相同的身体特征，并能相互交配而生育后代。

在一个特定区域中，一个物种的所有成员被称为生物种群。得克萨斯州这个"都市"的4亿只草原犬鼠就是一个生物种群。纽约城所有的鸽子也是一个生物种群。

一块田里所有的雏菊也一样。但是，一个森林中所有的树并不构成一个种群，因为这些树并不属于同一个物种，里面也许有松树、枫

蜜蜂种群

树、桦树和其他许多种类的树。

一个生物种群所生活的区域可以是一片草地那么小，也可以是整个草原那么大。研究一种生物的科学家，通常会把他们的研究限制在一个特定区域内的一个生物种群上。例如，他们会研究一个池塘里的蓝鳃鱼种群的数量，或是在佛罗里达州南部大沼泽地研究鳄鱼种群的数量。

当然，有些生物种群不会待在一个固定的区域。例如，要研究长须鲸种群数量，科学家可能要把整个大洋作为研究对象。

（二）怎样来确定种群的大小

确定生物种群大小的方法有直接和间接的观察、生物取样、标记与再捕获研究。

1.直接观察　很显然，我们可以用一个一个地数清所有生物个体的方法去确定一个种群的大小。你可以数一数一条河沿岸生活的所有白头鹰，一片森林中所有的红枫树，或者肯尼亚一个山谷里的所有大象。

2.间接观察　有时，一个生物种群的成员很少或很难寻找，这时就不宜采用直接观察的方法，而是根据生物的行踪或一些识别物来观察。例如，红石燕筑成的泥窝，每个窝都

会有一个小洞口。通过统计这些小洞口，就能够确定这个区域筑窝的红石燕家庭的数量。假设每个家庭平均有4只红石燕：父母和两个子女。如果这里有120个窝，就可以推断出红石燕的数量为120×4，即480只。

3.取样　多数情况下，要统计出一个生物种群的准确数量几乎是不可能的。一个种群也许非常大，或者分布在一个很广阔的区域，所以很难找到所有的生物个体，或很难确定哪些生物个体已经被统计过了。因此，生态学家们通常只作一种估计。一个估计值是一个建立在合理假设基础上的一个近似值。

一种估计方式是通过在一个小地域内统计生物的数量（一个样本），再乘以相应的倍数，来确定一个较大地域内生物个体的数量。要得到一个准确的估计，这个小区域应与较大地域具有相同的种群密度。例如，假设你在树林中10×10米面积上统计有8棵红枫树，如果整片树林的面积是它的100倍，那么你可以把统计数再乘上100，估计出整片树林全部红枫树的数量——约有800棵。

4.标记与再捕获研究　另一种

估计方法是一项称为"标记与再捕获"的技术。这项技术之所以叫这个名称，是因为一些动物先前被捕获，并做上了标记，再放回到自然环境之中。然后再抓捕一批动物，通过这批动物中带标记动物的数量，就能算出该动物整个种群的个体数量。例如，如果第二次抓捕的动物中有一半已做过标记，就意味着第一次样本的动物数量大约是整个总量的一半。

非洲狮

这里有一个实例，可以说明标记与再捕获研究的工作过程。首先，在一个地域范围中，用一种非伤害性的捕捉器来捕捉白足鼠。生态学家统计捕获的数量，并在每只白足鼠身上用一些染发剂做上标记，然后把它们放回地里。两周以后，研究人员再次回到原地域，捕捉白足鼠。他们数一数其中有多少白足鼠带有上次被抓获的标记，有多少白足鼠没有做过标记。运用数学方法，科学家能够估计出这个地域白足鼠种群的个体总量。

（三）生物种群大小的变化

生态学家经常回到一个特定区域采用上述三种方法中的一种进行研究，经过一段时间，就能监控该区域生物种群的大小。有新成员进入种群，或种群中有成员离开时，种群的大小会发生变化。新的成员加入种群的主要方式是繁衍后代。种群的出生率是指在某个时期内一个种群中生物个体的出生数量。例如，假设一年内有1000只雪雁繁殖了1400只幼雁，这个种群的出生率就是1400只／年。

同样，成员离开种群的主要方式是死亡。死亡率是指在某个时期内一个种群中生物个体的死亡数量。假设在这个雪雁种群中每年有500只死亡，该雪雁种群的死亡率就是500只／年。

1.种群的平衡　一个种群的出生率大于死亡率，这个种群将增大。

例如，在雪雁种群中，每10年有1400只小雪雁出生，同时有500只雪雁死亡，由于出生率大于死亡率，雪雁种群就增大。

如果死亡率大于出生率，种群就会减小。

2.迁入与迁出　当生物个体从某个种群迁出或迁入时，也会改变该种群的大小。就像你所生活的城镇，当一些家庭迁入或迁出时，人口就会发生变化。当生物种群的一些成员离开其余的成员时，发生的过程就是迁出。例如，当食物缺乏时，羚羊群中的一些成员为了寻找更好的草地可能会走失。如果它们与原来的种群永久地分离了，它们将不再是这个种群的一部分。

（四）限制因素

一般来说，生存条件好时，一个生物种群就会增大。但是，一个种群不会永远保持增大。它的生存环境中的某个因素最终会导致这个种群停止增大。限制因素是指阻碍生物种群增长的环境因素，限制种群的因素主要包括食物、空间和气候状况。

1.食物　生物的生存需要食物。在一个食物缺乏的地方，食物就成为生物种群增长的限制因素。假设长颈鹿每天需要吃10千克树叶才能生存，而一个地方的树要保持正常健康的生长，一天只能提供100千克树叶，那么，5只长颈鹿在这个地方很容易生存，因为它们仅仅需要50千克树叶做食物。但是，15只长颈鹿就不能生存，因为它们没有足够的食物。尽管这里的庇护场所、水和其他资源都没有什么问题，这个生物种群的数量不会超过10只长颈鹿。一个环境所能容纳的生物种群的最大值，称为环境的承载能力。这个环境的承载能力为10只长颈鹿。

长颈鹿

2.空间　有一种叫憨鲣的鸟，它们耗费一生中的大多数时间进行越洋飞行。它们只在这个岩石海滩上筑巢。但我们可以看到，这个海滩非常拥挤。一对憨鲣鸟如果没有地方筑巢，就不能繁殖自己的后代。这样，这对憨鲣鸟就不能对本种群的增大作出自己的贡献。

这就意味着筑巢空间对这些憨鲣鸟来说是一个限制因素。如果这里海滩更大，就有可能使更多的憨鲣鸟在这里筑巢，种群也会随之增大。

空间经常是植物生长的一个限制因素。植物生长空间的大小决定着植物所能获得的阳光、水和其他必需物质的多少。例如，在森林里每年都有许多松树苗发芽。但是，当松树长得越来越大，树木之间靠得越来越紧时，一些松树苗就没有空间去伸展它们的地下根系。枝繁叶茂的树林挡住了松树生长所需的阳光，一些松树苗就会死掉，从而限制了松树的总量。

3.气候　温度和雨量等气候状况，同样也会限制生物种群的增长。许多种类的昆虫都是在温暖的春天繁殖的。当冬天来临时，第一次霜冻会冻死许多昆虫。昆虫死亡率的突然提高，会造成昆虫种群的减小。

一次严重的气候事件会造成大批生物死亡，使种群发生急剧变化。例如，一场洪水或一次飓风会毁掉动物的巢穴，就像毁坏人类的住房一样。如果你生活在美国北部的某个州，你就会看到，初冬的早期霜冻是如何使菜地里西红柿产量减少的。

 **五、生物之间的
竞争与共生**

如果花一天时间来观察一棵树形仙人掌，你会看到许多物种与这种带刺的植物存在着相互依存的关系。

破晓时分，仙人掌枝干裹藏着的鸟巢中传来唧唧喳喳的叫声。两只红尾稚鹰正准备作第一次飞翔。沿仙人掌躯干再往下，一只幼小的猫头鹰正通过窝巢的小孔向外偷看。这只猫头鹰非常小，你可以把它放在掌心抚弄。一条响尾蛇正穿行在仙人掌之间寻找食物。响尾蛇窥视着不远处的鼩鼱，慢慢靠近它的猎物，刹那间，响尾蛇用它锋利的毒牙咬住了鼩鼱。

太阳下山后，仙人掌周围依然充满生机。在夜间，长鼻蝙蝠吸食仙人掌的花蜜。它们把整个脸都伸进花朵里面，长长的鼻子上沾满白色的花粉。蝙蝠就这样携带着花粉从这一棵飞到那一棵，帮助仙人掌传播花粉，繁衍后代。

（一）适应环境

在这个沙漠生态系统中，每种生物都有自己的特性。物种随着环境的变化而进化，随着时间的推移而变迁。使生物更好地适应环境的变化过程，称为自然选择。

自然选择的过程是这样的：一个生物种群中的生物个体具有不同的特性；那些具有最能适应环境特性的生物个体常常最易生存和繁衍；它们的后代继承了前辈的遗传特性，因此，能继续成功地繁殖后代；经过一代又一代的进化，具有良好生物遗传特性的生物个体得到了繁衍，而那些不能适应环境变化的生物个体就很难生存和繁衍；随着时间的推移，不适应环境的生物就从生物种群中逐步消失。这个过程就形成了生物种群自身的环境适应性，即生活习性和身体特性，环境适应性使生物种群更好地适应周围的环境。

每一种生物都具有适应特定生存条件的多种能力。在沙漠生态系统中，生物的适应能力使每种生物扮演了独一无二的角色。一种生物的独特功能角色，或如何维持生存，生物学上称为小生境。小生境包括生物所吃的食物类型，如何获取这些食物，哪些生物种群是以这类生物作为食物的。小生境也包括这些生物是什么时候和如何繁衍后代的，以及它们生存所需的物质条件。

沙漠仙人掌

　　一个生物的小环境还包括它如何与其他生物相互作用。我们在仙人掌群落的一天中，已经观察到一系列这样的相互作用。生物之间相互作用有三种主要方式：竞争、掠食和共生。

（二）竞争

　　不同的生物能共享同一个栖息地，例如在仙人掌周围和仙人掌上生活着许多动物。不同的生物也能共享相似的食物，如红尾鹰和猫头鹰都生活在仙人掌上，吃相似的食物。然而，这两种生物并不具有完全相同的小生境。红尾鹰是在白天活动的，而猫头鹰主要在夜间活动。如果两个物种具有完全一样的小生境，其中一个物种最终将会消亡。导致这个结果的原因是竞争，即在一个资源有限的栖息地上，生物之间为生存而展开争夺。

　　一个生态系统不可能满足一个特定栖息地上的所有生物的需要。这里的食物、水和居住场所的数量是有限的，而现存的生物往往具有环境的适应性，使它们能够避免竞争。例如，有三种林莺生活在云杉树上，它们都吃长在云杉树上的昆虫。这些鸟是如何避免为有限的昆虫数量而竞争呢？每一种林莺专门在一棵云杉的某一部位捕食昆虫。三种林莺在不同的部位寻觅食物，使它们得以共存。

（三）掠食

　　虎纹猫鲨潜伏在清澈的海面下，搜寻在海面上漂浮的幼小的信天翁的影子。鲨鱼看到一只幼小的信天翁正慢慢地游近，突然，鲨鱼冲出水面，用像钳子一样有力的嘴一口咬住信天翁。这两种生物之间的相互作用，对于信天翁而言是一个不幸的结局。

一种生物杀死并吃掉另一种生物，称为掠食。能捕食其他生物的是掠食者，如上述情景中的鲨鱼。而被捕食的生物称为被掠食者，在鲨鱼面前，信天翁便是被掠食者。

（四）共生

共生是两个物种之间的一种亲密关系，其中至少有一个物种能从这种关系中受益。在前一节，仙人掌群落中的许多相互作用都属于共生现象的例子。共生有三种：互惠共生、共栖和寄生。

红尾鹰

1.互惠共生　两个物种都能从这种相互作用中受益，称为互惠共生。例如仙人掌与长鼻蝙蝠之间的作用就是互惠共生的一个实例。因为仙人掌的花为蝙蝠提供食物，使蝙蝠受益；蝙蝠用鼻子把一棵仙人掌的花粉传给其他仙人掌，使仙人掌受益。

2.共栖　一个物种受益，而另一个物种既没益处，也没受伤害，两个物种这样的作用称为共栖。红尾鹰与仙人掌之间就是共栖。红尾鹰受惠于仙人掌，它能在仙人掌上筑巢；仙人掌的生长不受红尾鹰的影响。

在自然界，共栖并不是非常普遍的，因为两个物种在相互作用时通常不是得到一些好处，就是受到一些伤害。例如，由于猫头鹰要在仙人掌的茎上为它们的窝巢开一个小孔，这对仙人掌就有轻微的伤害。

3.寄生现象　寄生是一种生物生存在另一种生物的体表或体内，并且伤害后者。受益的生物称为寄生虫，提供体表和体内生存环境的生物称为寄主。

寄生虫通常比寄主要小。在寄生作用中，寄生虫从这种相互作用中受益，而寄主则被伤害。

你也许熟悉一些普通的寄生虫，如跳蚤、扁虱和蚂蝗等。这些寄生虫能够依附在寄主身上，并吸寄主的血液。另一些寄生虫则在寄主的体内生存，例如，绦虫就是在狗和狼的消化系统中生存的。

与掠食者不同的是，寄生虫通常不会弄死提供给它们生存环境的生物。如果寄主死了，寄生虫就失去了食物的来源。例如生活在蛾耳朵内的一种螨虫，就是这方面的一个有趣的例子。螨虫几乎总是生活在蛾的一只耳朵里。如果蛾的两只耳朵都有螨虫的话，蛾的听力就会受到严重影响，这样它很可能很快就被天敌——蝙蝠捕获吃掉。

（五）掠食者的适应性

掠食者拥有帮助其捕捉和杀死被掠食者的能力。例如，印度豹能在一瞬间跑得非常快，具有很强的追捕猎

物的能力。水母的触须含一种有毒物质，能使水中一些小动物失去知觉。

你也许会认为掠食者都有钳子般的爪、锋利的牙齿或带毒的刺，而事实上一些植物同样也有捕获猎物的能力。例如，茅膏菜茎被胶黏的球形物所包裹，当苍蝇停在它的上面时，就被粘住了，成为茅膏菜的食物。

有些掠食者具有夜间捕捉猎物的能力，例如，猫头鹰的一双大眼睛能在黑夜里看清猎物。蝙蝠则完全不需要眼睛捕猎，因为蝙蝠通过发射超声波和接收反射波来确定猎物的位置。这一招非常管用，蝙蝠能够在一片漆黑的环境中捕捉到正在飞行的蛾。

印度豹

（六）掠食行为对种群的影响

掠食行为对生物种群数量的变化具有重要影响。我们知道，当一个生物种群的死亡率超过出生率时，这个种群的个体数量是减少的。如果掠食者非常善于捕食掠食对象的话，其结果常常使这个被掠食的生物种群个体数量减少。但被掠食生物种群个体数量的减少，反过来也会影响掠食生物种群。

六、你最应该知道的生态系统能量流

红隼从它栖息的橡树枝上扑棱飞起，展翅滑翔在点缀着黄花的田野上空。在田野的中间，这只鸟儿停止了滑翔，它像一只巨大的蜂鸟停在空中。尽管有一阵阵风刮来，它的头始终一动不动，因为它正在寻找猎物。红隼以这种方式停在空中是很耗费能量的。但是在这个位置，它可以搜寻下方田野里的食物。

很快，它就发现了正在草丛里大口咀嚼着快要成熟的草子的一只田鼠。几秒之内，红隼俯冲而下，

利爪紧紧抓住了这只田鼠，然后飞回树上享用去了。

与此同时，一只蜘蛛正躲藏在附近花朵的花瓣里。一只毫无防备的蜜蜂在这朵花上停了下来，想要呷一口里面的花蜜。蜘蛛立即抓住蜜蜂，并将毒液注入蜜蜂的身体。在蜜蜂想要动用它致命的一叮之前，蜘蛛的毒液已将它毒死了。

红隼

这一片阳光照耀的田野就是一个生态系统，它由相互作用的生物和非生物所组成。我们可以看到，这个生态系统中的许多相互作用都涉及捕食。蜘蛛捕食想要吃花蜜的蜜蜂，红隼捕食正在吃草子的田鼠。生态学家研究这种摄取食物的模式，以了解在一个生态系统中的能量是如何流动的。

（一）能量角色

你参加过学校乐队的演奏吗？如果是，你就会知道每一种乐器在演奏一首曲子时都会起到一定的作用。比如，长笛吹出旋律，而鼓则打出节奏。尽管这两种乐器差别很大，但它们在乐队演奏的乐曲中都扮演了重要的角色。同样道理，每一种生物在生态系统的能量流动中都扮演着各自的角色。这个角色是生物小生境的一部分。红隼的角色与它所栖息的那棵大橡树所扮演的角色是不一样的。但是，生态系统的所有成员，像乐队中的所有乐器一样，都是生态系统正常运行所必需的。

一个生物体的能量角色是由它如何获得能量，以及如何与生态系统中的其他生物相互作用所决定的。在一个生态系统中，生物扮演的能量角色有三种：生产者、消费者和分解者。

1.生产者　能量首先是以阳光的形式进入大多数生态系统的。一些生物，如植物、藻类和某些微生物能够利用阳光，并将其能量以食物的方式储存起来。生物利用阳光将水和二氧化碳合成糖和淀粉等有机分子。

能自己制造食物的生物称为生产者。生产者是生态系统中所有食物的来源。

在少数几个生态系统中，生产者不是通过阳光来获取能量的。在地下极深的岩石中发现了这样的一个生态系统。这些岩石从来没暴露在阳光下，那么能量是如何被带入这一生态系统的呢？生活在这一生态系统中的一些细菌，能够通过利用它所处环境中的天然气、硫化氢中的能量生产自己的食物。

2.消费者　除了生产者，生态系统中的其他成员都不能自己生产食物。这些生物都依靠生产者而获得食物与能量。以其他生物为食的这些生物就是消费者。

消费者是根据其所吃食物来分类的。只吃植物的消费者称为食草动物。比较常见的食草动物有毛毛虫、牛、鹿等。只吃动物的消费者称为食肉动物。例如，狮子、蜘蛛和蛇都是食肉动物。既吃动物又吃植物的消费者称为杂食动物。乌鸦、熊和人都是杂食动物。

有些食肉动物以腐烂了的动物尸体为食，称为食腐动物。食腐动物包括鲶鱼和秃鹰等。

3.分解者　如果生态系统中只

有生产者和消费者，那会出现什么情况？随着生态系统中的生物不断地从周围环境中吸取水、矿物质和其他原料，这些物质在环境中会越来越少。如果这些物质是不能循环的，那么新的生物就无法生长了。

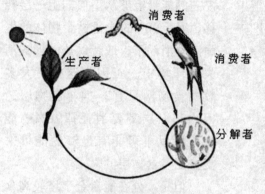

自然界能量转换图

生态系统中的所有生物都会产生废物，并最终都会死亡。如果这些废物和尸体没有以适当方式从生态系统中去除，它们就会堆积起来，直到覆盖所有的活生物。分解废物、生物尸体，并将组成生物的原料重新回归环境的生物就是分解者。主要的两类分解者是细菌和真菌，例如霉菌和蘑菇。在获得滋生所需能量的同时，这些分解者也将小分子物质回归周围的环境中。这些小分子物质可以被其他生物重新利用。

（二）食物链和食物网

我们已经知道，大多数生态系统的能量来源是阳光，并由生产者将其转化为糖和淀粉等有机分子。

这些能量被转移到以生产者为食的每一种生物中，然后又转移到以这些消费者（食草动物）为食的其他生物中。

食物链是指生物为获取能量而捕食其他生物所发生的一系列关系。你可以从下图的田野生态系统中找出一条食物链。食物链的第一种生物总是生产者，例如田野里的草。第二种生物是指以生产者为食的消费者，称为初级消费者。田鼠就是初级消费者。接下来是次级消费者，它是以初级消费者为食的红隼。

食物链显示了生态系统中能量流动的可能路径。但是就像你不会每天都吃同一种食物一样，生态系统中的生物也是如此。大多数生产者和消费者是许多条食物链中的组成部分。更真实地显示生态系统能量流动的方法就是绘制食物网。一张食物网包含了生态系统中许多相互交叉的食物链。

（三）能量金字塔

当生态系统中的某一种生物吃食时，它就获得了能量。这些生物利用所获得的能量的一部分来运动、生长、繁殖和进行其他生命活动。这意味着食物网中下一级的生物仅能利用上一级的一部分能量。

大型肉立行鱼类、海兽类

食肉铃鱼类

以浮游动物为食的动物群

以浮游植物为食物的浮游动物

浮游植物（海洋中初级生产者）

海洋动物金字塔

能量金字塔能够显示出食物网中从一个食物层流向另一个食物层的能量的数量。每一层中的生物需要使用一部分能量来进行生命活动。在生产者这一层，可利用的能量最多。在能量金字塔中，上层可利用的能量总是比下层可利用的能量要少。能量金字塔这个名称就是来自于这个图的形状——底部较宽而顶部较窄。

总的来说，食物网中只有10%左右的能量能够从下层向上一层转移，其余90%的能量被生物体的生命活动消耗了，或者以热的形式消失在环境中。正因为这样，大多数的食物网只有3～4个食物层。因为每一层都要消耗掉90%的能量，所以不可能有足够的能量来支撑更多食物层。

但是，处在能量金字塔较高食物层上的生物消耗的能量，并不比较低食物层上生物所需的能量少。因为每一食物层消耗的能量太多了，所以在生产者这一层的能量数量就决定了生态系统能够承载的消费者数目。通常处于食物网最高层的生物是很少的。

七、你了解地球上的生物群落吗

生物群落是指有相似气候和生物的一组生态系统。

实际上，通常某一地区的气候

条件——温度和降水量，决定了它的生物群落类型。这是因为气候限制了该地区的植物分布。而植物的类型决定了生活在那里的动物种类。

下面我们要进行一项"环球考察"，你准备好了吗？

（一）雨林生物群落

环球考察的第一站是赤道附近的热带雨林。雨林不但炎热而且潮湿，实际上那里时时有倾盆大雨。幸运的是，我们没忘记带上雨衣。在一阵阵雨过天晴后，太阳又出来了。尽管阳光灿烂，但穿过浓密的植被层的阳光还是很少。

雨林中层层叠叠到处是植物。我们可以看到蕨类、兰花类、藤本类植物等从树枝上挂下来，甚至直接长在其他植物上。在茂盛的植物中间生活着许多种色彩鲜艳的鸟儿，它们就像我们身边的无数花朵。

1.热带雨林　热带雨林位置在赤道附近的炎热地区。热带雨林的典型特征是多雨。炎热的温度一年到头变化不大，终年光照也相当稳定。

热带雨林中物种多得惊人。比如，科学家研究了某一地区雨林中100平方米的范围，找到了300种不同种类的树木。这些树木形成了几个不同的层次。高大的树木形成的一个顶层称为林冠。有一些特别高大的树木会从林冠中脱颖而出。在林冠的下面是下层林木，这一层的树木稍微矮一点儿，也包括一些藤本植物。这层中的植物在林冠层形成的树荫里生长良好。再往下，还有些植物在树林的近乎黑暗的底层中茂盛地生长着。

丰富的植物为动物提供了许多栖息地。热带雨林中到底有多少种昆虫至今还是个未知数，但估计有近百万种。这些昆虫供养了种类繁多的鸟儿，这些鸟类又供养了其他种类的动物。虽然地球上热带雨林面积只占了很小的一部分，但它们包含的动植物物种可能要比世界上

热带雨林

其他所有陆地生物群落中的物种加起来的总和还要多。

2.温带雨林　美国西北部大陆的沿海岸线地区，气候在某些方面与热带雨林有点相似。这一地区每年降水量都在3000毫米以上。那里长有一些大树，包括雪松、红木和花旗松，但是很难给这一地区归类。它距热带雨林北缘很远，而且比热带雨林冷得多。于是，许多生态学家将这一生态系统称为温带雨林。

（二）沙漠生物群落

环球考察的第二站是沙漠。那里与我们刚离开的热带雨林有着天壤之别。从汽车上下来，就进入了酷热的夏季。在中午，我们甚至不能在沙漠上行走，因为沙子就像我们家中浴室热水龙头中的热水那样烫。

沙漠中的年降水量少于250毫

钝尾毒蜥

米，而水的蒸发量远大于降水量。有些极干燥的沙漠，甚至一年内滴水未降。沙漠中一天的温差通常很大，像纳米比亚沙漠这样灼热的沙漠，每当太阳下山后温度会很快降下来。其他的沙漠，如中亚的戈壁沙漠会冷得更快，在冬天甚至会达到冰冻的温度。

生活在沙漠中的生物既要适应缺水状况，又要适应温差大的恶劣条件。例如，树形仙人掌的枝干上有类似手风琴的褶皱一样的折叠。下雨时，仙人掌的枝干就能储存更多的水分。沙漠中的许多动物都是在晚上出来活动的，这时温度稍微低一点儿。比如，钝尾毒蜥大部分时间待在凉爽的地下洞穴中，它可以在地底下连续待上好几个星期。

（三）草原生物群落

环球考察的下一站是大草原。这里的气温要比沙漠里舒服许多。微风带来被太阳烤过的泥土的清香。这片肥沃的土地上长满了像人一样高的牧草。麻雀在草茎间飞来飞去，寻找着下一顿美餐。受到人的脚步声的惊吓，一只兔子逃得无影无踪。

　　与中纬度地区的其他草原一样，大草原上的降水量要多于沙漠上的降水量，但是这些降水量还不足以生长树木。草原地区年降水量在250~750毫米之间，生长着典型的草类和其他非木本类植物。靠近赤道的草地称为热带草原，那里的年降水量都大于1200毫米。在热带草原上与草类一起还生长着灌木和小树。

　　草原是地球上许多大型食草动物的家园，如野牛、羚羊、斑马、犀牛、长颈鹿和袋鼠。在牧养这些大型食草动物的同时，草原自身也得到了保护。大型食草动物限制了小树和灌木的生长，避免小树、灌木与牧草争夺水分和阳光。

　　环球考察的下一站我们将带你到另一片森林中去。现在是夏末时节，早晨凉爽，白天仍很炎热。环球考察的一些成员正在忙着记录不计其数的物种。其他一些成员正拿着双筒望远镜，寻找树上正在唱歌的鸟儿。我们要小心地在林地上走着，以免踩到蜥蜴。金花鼠一受到惊扰就在远处叫个不停。

　　我们现在正处于落叶林生物群落中。这里的树木称为落叶树，每年都会落叶，来年再长出新叶。橡树和枫树是典型的落叶树。落叶林地区年降水量至少为500毫米，足以供给树木及其他植物的生长。

白尾鹿

这里一年中的气温变化鲜明。树木生长的季节是5~6月。与热带雨林一样，这里不同的植物有不同的高度，从高大的林冠层到林地上的小蕨类植物和苔藓。

　　森林里各种各样的植物也创造了许多不同的栖息地。不同种类的鸟儿可以在树林的不同层面中生活，吃其中的昆虫和果实。我们可以观察到负鼠、老鼠和臭鼬在地上厚厚的霉烂树叶中寻找食物。在北美洲落叶林中其他常见的动物还包括鸫、白尾鹿和黑熊。

如果我们到冬天再回到这一生物群落，我们就看不到现在这样多的动物了。许多鸟类都已迁徙到温暖的地区去了。一些哺乳动物进入冬眠状态，以减少能量消耗。哺乳动物在冬眠期间，依靠储存在体内的脂肪生存。

（四）北方针叶林生物群落

现在，环球考察要向北方更冷的气候区域进发。考察队长声称他能够用嗅觉辨别出下一站是北方针叶林生物群落。当到达目的地时，我们看到的是一片云杉和冷杉树包裹的山坡，感受到的是初秋寒冷的气息。我们得取出旅行包里的夹克衫和帽子穿戴好。

这个森林里生长着针叶树，它们会结出球形的果子，有像针一样的叶子。这里的冬天是非常寒冷的。年降雪量所达到的积雪是我们身高的2～3倍。但那里的夏天还是温暖多雨的，可以将所有的雪都融化掉。

能够适应北方针叶林生物群落的树木数量很有限。冷杉、云杉和铁杉是最常见的树种，因为它们厚厚的表面光滑的针形叶能够防止水分的蒸发。由于这个地区一年当中有很长时间水结成了冰，所以，防止水分蒸发是北方针叶林树木必要的适应条件。

北方针叶林中的许多动物以针叶树的果子为食。这些动物包括红松鼠、昆虫以及鸟类，如金翅雀和山雀。一些食草动物如箭猪、鹿、麋鹿、驼鹿和河狸是以树皮和嫩芽为食的。北方针叶林中种类繁多的食草动物也供养了许多大型肉食动物，包括狼、熊、狼獾、猞猁等。

猞猁

（五）苔原生物群落

当到达环球考察的下一站时，猛烈的风会吹得我们流泪。现在的季节是秋天，刺骨寒风使每个成员立即感受到了苔原生物群落的气候特点。苔原生物群落区极度寒冷、干燥。看到深深的雪层，许多人都会觉得奇怪，因为苔原地带的降水量与沙漠一样少。苔原地带的许多土地是终年冰冻着的，称为永冻层。在短暂的夏天，苔原地带的上层土壤会解冻，下层土壤则依然是冰冻着的。

苔原地带的生物包括苔藓、草类、灌木和少量的矮树（如柳树）。放眼四望，大地呈现出棕色和金黄色，这表明短暂的生长季节已经结束了。这里的许多植物都是在夏日长长的光照时间里生长的。这里夏季每天光照时间特别长，气温也是全年中最高的，在北极圈以内的地区，仲夏的太阳是不落的。

如果你曾经在夏季游览过苔原地带，记得最清楚的动物可能就会是昆虫。大群的黑蝇和蚊子给许多鸟类提供了食物。这些鸟类也是充分利用这一时期大量的食物和长长的白天，尽量地多吃。冬天到来时，许多鸟儿又都迁徙到温暖的南方去了。

苔原地带的哺乳动物有驯鹿、狐狸、狼和野兔等。这些动物在冬天会换上厚厚的毛，所以仍然能够待在那里。那么，冬天苔原地带的这些动物以什么为食呢？例如，驯鹿会挖开雪层寻找地衣。地衣是生长在岩石上的真菌和藻类。狼则会追踪驯鹿，捕食其中的弱小者。

狐狸

（六）山脉与冰原

地球陆地上还有一些地方不属于上述几个主要陆地生物群落的任何一个。这些地区包括山脉与覆盖着厚厚冰层的冰原。

我们已经知道，从山脚到山峰之间气候条件是会变化的。在山上的不同地方生长着不同种类的植物，栖息着不同的生物。如果我们徒步攀越一座高山，就会路过一系列的生物群落。在山脚下，会看到草原；再爬上一点儿，会看到落叶林；再向上，会看到北方针叶林；最后接近山顶时则看不到树木了，我们的周围与长着草皮的苔原地带

企鹅

很相像。

地球上有些陆地终年覆盖着厚厚的冰层。格陵兰岛的大部分和南极洲大陆就属于这一类。有些生物能够适应冰上的生活，如企鹅、北极熊和海豹。

（七）淡水生物群落

环球考察的下一站是水生生物群落。由于地球表面有近3/4的面积被水覆盖，所以人们不会对许多生物安家于水中感到惊奇。水生生物群落包括淡水生物群落和海洋生物群落，它们都受同样的非生物因素影响：温度、光照、氧气和盐度。

对水生生物群落而言，特别重要的因素是阳光。阳光对水中植物的光合作用与陆上植物一样都是必需的。然而，因为水会吸收阳光，只有接近水面或在浅水中才有足够可以进行光合作用的阳光。在水生生物群落中最普通的生产者是藻类，而不是其他植物。

1.池塘与湖泊　水生生物群落的第一站是平静的池塘。池塘和湖泊是静止的淡水水体。湖泊通常比池塘大而深。池塘常常较浅，即使在池塘的中央，阳光一般也能够到达底部，能让植物在那里生长。有些植物沿着池塘边缘生长，它们的根系生长在土壤中，而叶子却伸到阳光能照到的水面上。在湖泊的中央，水面上漂浮的藻类是主要的生产者。

许多动物都适应静水中的生活。沿着池塘边，我们会看到昆虫、田螺、蛙类和蝾螈，翻车鱼生活在水面的上层，以昆虫和水面上的藻类为食。食腐动物，如鲶鱼生活在池塘底部附近。细菌和其他分解者也

蝾螈

是以其他生物的遗体为食的。

2.溪流和河流　当我们来到山涧溪流时，我们马上会觉察出它与湖泊中静止的水体有些不同。溪流开始的地方称为源头，这些寒冷、清澈的水流得很快。生活在这一水域中的动物必须适应湍急的水流。如鲑鱼拥有流线型的身体，在急流的冲击下仍然能够游泳。昆虫和其他小型动物依靠自身的吸盘或钩子紧紧贴在岩石上。因为植物或藻类很少能在急流中生存，初级的消费者只能依靠落入水中的植物叶子和种子来生存。

溪水在向下游流动中，会汇入其他溪流，水流渐渐变慢。水体也会由于带着泥沙而变混浊。由于流速缓慢、温度较高，水中所含的氧气较少。有一些生物可以适应在这一段河流的这一流速缓慢的部分中

生活。很多植物在河床的鹅卵石堆中扎根生长，为昆虫和蛙类提供了美好的家园。就像每一个生物群落一样，只有适应这一特定栖息地环境的生物才能生存。

（八）海洋生物群落

接下来，我们要去的是一些海洋生物群落。海洋中有许多不同的栖息地。这些栖息地中光照、水温、波浪强度和水压都是不同的。不同的生物能够适应不同栖息地的生活环境。

1.河口湾　第一个栖息地是河口湾，它位于河流的淡水与海洋水相接的地方。由于水体浅，阳光充足，加上由河流带来的大量营养物质，使得河口湾成为许多生物的栖息场所。河口湾地区的主要生产者是植物，如沼泽中的草类，还有水中藻类。这些生物为一系列的动物提供了食物和住所，比如螃蟹、螺蛳、蛤、牡蛎和鱼类。许多生物还将河口湾平静的水域作为繁殖的基地。

2.潮间带　接下来，我们将沿着岩石海岸线行走。海岸线上最高

潮位线与最低潮位线之间的部分就是潮间带。生活在这里的生物必须能够经受住波浪的强烈冲击、温度的突然变化，以及时而在水中时而暴露在空气中的巨大反差。这是一个很难生存的地方。我们能看到许多动物，比如吸附在岩石上的藤壶和海星。其他的动物，如蛤、螃蟹则居住在沙滩的洞穴中。

3.浅海带　现在该向海洋出发，去考察近岸浅海水域了。我们将分小组乘坐考察船考察下一个类型的海洋栖息地。大陆的边缘像一个板架向海洋延伸一小段距离，在最低潮位线的下方是一个浅水区

珊瑚

域，称为浅海带，蜿蜒于整个大陆架。与淡水生物群落一样的是，这一地带中的浅水区是适宜进行光合作用的。因此，这一区域的生物十分丰富。许多大鱼群，如沙丁鱼和鲲鱼就是靠这一地带中的海藻生活的。在热带的温暖海域，浅海带可

以形成珊瑚礁。虽然珊瑚礁可能看起来像石头，但实际上它是其他许多生物的家园。

4.大洋带　在宽广的海洋中，阳光能够穿透水层几百米。漂浮的海藻就在这一层中进行光合作用。这些海藻是生产者，它是形成大洋中所有食物网的基础。其他的海洋生物，如金枪鱼、剑鱼和鲸都直接或间接地依靠海藻为食。

5.深海带　深海带位于大洋带中的表层下方。几乎所有的深海带的海底都是一片黑暗。我们需要钻进潜水艇打开前灯来探索这一区域。在没有阳光的地方，生物是如何存活的呢？在这一区域的许多动物都靠下沉的生物遗体生存。深海带的最深处则是那些样子古怪的鱼类的家园，像在黑暗中会发光的大王乌贼和长有一排排锋利牙齿的鱼。

在记录完深海带的观察结果以后，我们的长途环球考察也就结束了。

八、它们与人类有着怎样的关系

环境对健康的影响是复杂的，

从环境对人类健康的作用大小看，有直接影响和间接影响。如地震、洪水、海啸、泥石流、火山爆发、高温和低温等可直接导致人的死亡；而生态破坏、环境污染等则导致人的生存环境恶化，或使致病因素增加，或使人体抵抗力下降，从而直接或间接地影响人类健康。

从人对环境影响的大小看，有自然本身的因素和人为的因素，或人与自然共同作用的因素。自然本身的因素，包括地质、地理环境条件恶劣，不适宜人类居住的地方。如果人类居住在这些地方，则对生命安全和健康构成威胁，或出现某些与地质地理有关的地方性疾病；人为因素包括生态破坏和环境污染，它们既可直接损害人的生命，也可间接破坏人体的健康，它们是当今环境对人类健康的主要威胁。

生态破坏是指人类不合理地开发、利用自然资源和兴建工程项目而引起的生态环境的退化、原有的生态平衡遭到破坏及由此而衍生的有关环境效应，从而对人类的生存环境产生不利影响的现象。如温室效应带来的全球变暖、水土流失、土地荒漠化、土壤盐碱化、生物多样性减少，等等。

由于人类大量砍伐森林，过多燃烧煤炭、石油和天然气，以及汽车大量排放尾气等使温室气体排放增加而产生温室效应。温室效应使全球气温升高，出现气象异常，某些地区降雨量增加，某些地区出现干旱，飓风力量增强，出现频率提高，自然灾害加剧。更令人担忧的是，由于气温升高，将使两极地区冰川融化，海平面升高，许多沿海城市、岛屿或低洼地区将面临海水上涨的威胁，甚至被海水吞没。除这些灾害事件直接损害人的生命、增加伤亡外，也可间接使某些疾病的发病率增加。如气象异常的高温导致"中暑"的病人增加，而低温则使"冻伤"的病人增加。据有关报道，2007年7月席卷欧洲中部和南部的热浪在匈牙利造成将近500人死亡，仅在中部就有230人丧生。持续高温还造成罗马尼亚30人死亡，另有860人在街上昏厥。另据中新网2009年1月8日报道，受到来自西伯利亚和北欧的冷空气影响，欧洲主要地区连日来受到一股寒流侵袭，东部和中部主要地区出现$-31℃\sim10℃$低温，有十多人冻死。

全球变暖使万亿年的冰川融化，可能使冷冻在冰川中的不知名病毒复活，从而暴发难以控制的不知名的疾病，犹如2003年暴

发流行的"SARS"一样。SARS
是英文Severe Acute Respiratory
Syndrome的缩写，中文名是"严
重急性呼吸道综合征"，是非典型

冰川融化

肺炎的一种，在中国俗称为"非
典"。2003年2月首次发现于中国广
东、香港以及越南的河内等地，并
迅速蔓延到世界27个国家和地区。
开初由于不知道疾病原因，故名
"SARS"。后来发现，SARS是一
种由变异的冠状病毒引起的高传染
性呼吸综合征，大部分感染者表现
出急性呼吸困难综合征和急性肺损
伤。根据世界卫生组织的统计，截
至2003年4月23日，在短短的两个多
月时间内，全球已有4288人遭到感
染，其中251人死亡。由于最初不知
道疾病的原因，曾一度引起全球的
恐慌。

2009年3月，由墨西哥发端的
甲型H1N1流感，在世界范围内迅
速传播，成千上万人受到感染。

此外，气候反常还会造成人体
抵抗力下降、诱发或
加重原有疾病。

臭氧层是高空大
气中臭氧浓度较高的
气层，它能阻碍过多
的太阳紫外线照射到
地球表面，有效地保
护地面一切生物的正
常生长。臭氧层的破
坏主要是现代生活大
量使用的化学物质氟
利昂进入平流层，在紫外线作用下
分解产生的原子氯通过连锁反应而
实现的。

最近的研究表明，南极上空
15～20千米间的低平流层中臭氧含
量已减少了40%～50%，在某些高
度，臭氧的损失可能高达95%；北
极的平流层中也发生了臭氧损耗。
臭氧层的破坏将会增加紫外线β波
的辐射强度，而β紫外线则可导致
皮肤癌。据资料统计分析，臭氧浓
度每降低1%，皮肤癌就增加4%，白
内障的发生率则增加0.6%。到21世
纪初，地球中部上空的臭氧层已减
少了5%～10%，使皮肤癌患者人数

增加了26%。

　　森林植被的破坏，对人类健康的影响巨大。由于过度的放牧、耕作、乱砍滥伐等人为因素和一系列自然因素的共同作用，致使土地森林面积和植被面积减少，土地质量退化，并逐步沙漠化，加之全球暖化，气象反常，使沙尘暴天气频繁发生。除前面已经谈到的沙尘暴可以直接导致人的伤亡外，还会对人体的健康带来严重的损害。

　　在沙尘暴天气时，大量的尘土被吸入气管和肺，不仅会损害气管和肺组织，破坏呼吸功能，而且还由于尘土中常常含有大量的有害微生物，如果被吸入呼吸道和肺中，

被破坏的森林

则可导致呼吸道和肺部的感染，使呼吸道疾病增加。在医院中可发现，每一次沙尘暴天气过后，患呼吸道疾病的病人都会大量增加。

　　由于乱砍滥伐、过度开垦使森林植被大量减少，特别是热带雨林的减少，使其吸收二氧化碳、吐出氧气的功能削弱，导致大气中二氧化碳含量增加，这不仅导致温室效应，也导致空气质量下降。另外，森林中含有对人体健康很有好处的负氧离子，森林的减少，导致环境空气中负氧离子下降，使人们感到清新的空气越来越少。空气质量的下降，使呼吸系统疾病的发病率增加。

　　森林植被的减少不仅使某些植物物种减少，也导致某些依赖森林的动物物种减少。加上人们的乱捕滥杀、环境污染和引进外来物种等原因，使包括动物、植物和微生物等在内的所有生物物种不断减少，这种生物物种不断减少的现象即为生物多样性减少。

　　据估计，地球上的物种约有3000万种。自1600年以来，已有724个物种灭绝，目前已有3956个物种濒临灭绝，3647个物种为濒危物种，7240个物种为稀有物种。多数专家认为，地球上生物的1/4可能在未来20～30年内处于灭

田鼠

吃虾虾，虾虾吃泥巴。"这就是一种食物链关系。对于食物链上任何一种生物来说，上链生物就是下链生物的天敌，下链生物就是上链生物的食物。天敌的减少或灭绝，必然导致其下链生物的大量繁殖。比如，由于人们对老鼠的天敌之一——蛇的大量捕杀，使老鼠现在越来越猖獗。

绝的危险，1990年至2020年，全世界有5%~15%的物种可能灭绝，也就是每天消失40~140个物种。生物多样性的存在对进化和保护生物圈的生命维持系统具有不可替代的作用。生物多样性的减少，不仅可能使具有某种潜在药物作用的植物减少，同时也可能破坏动物原来已经平衡的食物链关系。

俗话说："大鱼吃小鱼，小鱼

生物多样性的减少，还使原本五彩缤纷的世界变得单调、灰暗；动物物种的减少，使人类的朋友越来越少，人类变得越来越孤独。这也许是现在越来越多的人患上"孤独症"和抑郁症的一个可能的原因吧。

第二章
诀别？那些即将离开我们的动物们

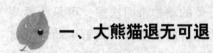 一、大熊猫退无可退

随着人类社会进入工业化时代，先进的生产技术促进了各行各业的全面发展。人在大自然面前具有巨大的挑战能力。改造自然为我服务，成为人类拓展自己的生存空间，提高生活质量的基本思维。

进入19世纪后，人口的增长速度惊人。1804年，世界人口只有10亿，到1927年增长到20亿，1960年达到30亿，1975年达到40亿，1987年上升到50亿，1999年世界人口达到60亿。世界人口每增长10亿，所需的时间分别缩短为约120年、30年、15年、10年！

急剧增长的人口，依赖于土地和牧场的大幅度增加。世界耕地在19世纪初仅有4.5亿公顷，而到20世纪末已达15亿公顷左右，相当于全球陆地面积的10%，同时牧场面积约有30亿公顷。这样，耕地和牧场面积的总和占陆地面积的30%。耕地和牧场的迅速增加，意味着森林的严重破坏和面积的减少。据估计，世界仅热带森林面积每年就减少1130公顷，而造林面积只有毁林面积的1/10。森林消失，也就意味着大量野生动物失去了自己的家园。

正是在这一背景下，大熊猫的家园开始变得支离破碎。

大熊猫在中国被誉为国宝。长期以来，大熊猫一直生活在我国的川、甘、陕三省交界处的深山之中，1869年法国传教士大卫在四川省宝兴县发现了大熊猫，他的这一发现轰动了全世界，从而使人类首次结识了这种被誉为"活化石"的古老物种。

阿尔曼·大卫是法国苦修会的神甫，自幼酷爱自然，喜欢动物，经常捕捉各种昆虫，制成标本。大

卫于1850年成为神甫，10年后被教会派遣来中国传播天主教。19世纪的中国，备受列强的欺凌，英、法等国在一系列不平等条约的基础上，强行与中国通商，教会也趁此机会行动，派遣人员来中国传教。许多传教士由于有广泛的科学爱好和博物学基础，往往受国内一些科研机构的委托，同时对中国进行一系列资源调查，其中一个方面就是调查了解中国的动植物资源。大卫在来中国之前，就接受了法国巴黎自然历史博物馆交给他的一项任务，采集中国的珍稀动物和植物标本。

1862年至1874年，大卫在中国住了12年，其间他将调查到的大量植物制成标本寄回法国。在动物资源方面，大卫在中国发现了58个鸟类新种，100多个昆虫新种，还有许多重要的哺乳动物新种，包括中国特有的哺乳动物大熊猫、金丝猴等。

1867年，大卫在短暂的回国后第二次来华。听说四川西部一带动物种类很多，而且有一些是人们尚未知晓的珍稀物种，他便从上海到达宝兴，担任穆坪东河邓池沟教堂的第四代神甫。1869年3月11日，大卫在当地一户人家中见到了一张被称为"白熊"的奇特动物毛皮，他兴奋不已。他从未想到世界上竟然还有这样漂亮的动物皮毛，他马上就意识到这张动物皮的重要价值。

为了得到这种奇特的动物，大卫雇用了20个当地猎人上山搜捕。一段时间后，猎手们终于给大卫带来了1只"白熊"和6只活生生的猴子。看到这只毛茸茸、憨态可掬的、黑白相间的"白熊"，大卫为自己的发现而高兴，他决定将这只可爱的动物带回法国。可是，要从这偏僻的大山将一只野生动物带到遥远的法国，在那时的条件下几乎是梦想。这只倒霉的大熊猫还没运到成都就死去了，大卫只好将它的皮做成标本，连同描述报告寄给巴黎自然历史博物馆，并在该博物馆的公告中发表了自己的研究报告。

巴黎自然历史博物馆主任米勒·爱德华兹经过充分研究后认为，这种新的动物既不是熊也不是猫，而与在中国西藏发现的小猫熊相似，便正式将它命名为"大猫熊"，并按照惯例，在拉丁文中将发现者大卫的名字写于其中。

科学界对于大熊猫的身世，曾经长时间存在争论。这从它名字的变化也能看到，至今在中国台湾，它还被称为"大猫熊"。这是因为专家们对于大熊猫的认识不一致，有的学者认为它属于熊，有的学者认为它属于猫。对于人们习惯上的两种不同读法，有一种解释是来自"误读"。1939年，重庆平明动物园举办过一次动物标本展览，其中"猫熊"标本最吸引观众注意，它的标牌采用了流行的国际书写格式，分别注明中文和拉丁文。但由于当时中文的习惯读法是从右往左读，所以参观者都把"猫熊"读成"熊猫"。久而久之，人们就约定俗成地把"大猫熊"叫成了"大熊猫"。其实，大熊猫的学名就是"猫熊"，它与小熊猫（学名是"小猫熊"）也并非近亲，小熊猫属于浣熊科，大熊猫因为自身结构和在进化中地位的特殊性，独立成科，为猫熊科。

大熊猫

大熊猫是一种古老的动物，现代大熊猫祖先的化石于20世纪50年代在广西柳城的巨猿洞里被发现，距今约100万年。从牙齿情况分析，这种古老的大熊猫和现代的大熊猫并没有多大区别。大熊猫本来是食肉兽，在长期进化过程中习性逐步发生变化，到今天，成为专以竹子为食物的特殊动物。偶尔它也能够捕食小动物，这时人们才能够从它的身上看到其远古祖先凶猛的影子。

由于大熊猫食物的极度单调狭窄，生活范围只限制在海拔2000～4000米的高山有竹林的地方，尽管一直受到国家的保护，但仍面临着极大的生存危机。

第一，食物问题。1974年至1976年，在甘肃汶县和四川平武、南坪等地，由于大片箭竹开花枯死，结果饿死了大批大熊猫，事后调查发现的尸体有138具。1983年以后，大熊猫产地的竹子又普遍开花，引起了全世界的关注，在保护区的大力抢救下，虽然灾情比上次严重，但是大熊猫的死亡率大大降低，共抢救出大熊猫43只，其中救活31只，死亡12只，再加上野外捡到32具尸体，共死亡44只。目前，食物短缺仍不时威胁着大熊猫。据近些年的观察发现，大熊猫的生活海拔范围有下降的趋势，一些大熊猫经常到低海拔的山下觅食。

第二，大熊猫的患病率很高，特别是蛔虫感染率可达60%～70%。在野外经常出现病死个体，严重危害着大熊猫种群的壮大。

第三，尽管我国早在1963年就建立了以保护大熊猫为主的自然保护区，到目前保护区面积约1万多平方千米，占大熊猫实际分布面积的81.2%，但由于许多大熊猫种群呈孤岛分布，因此仍是一个濒危物种。从分布范围看，它已从历史上广布于亚洲东部而退缩到中国川、甘、陕三省局部地区。特别是近半个世纪以来，人类生产活动无节制地扩展，大熊猫分布区已由约5万平方千米缩小到1万多平方千米，且被分割呈大小不等的20多块岛屿状，残存于秦岭、岷山、邛崃山脉以及

凉山和相岭六大山系，地属川、甘、陕三省的37个县，野外大熊猫数量只有1500多只。

尽管自然保护区的建立和1998年的天然林停伐，给大熊猫的保护带来了希望，但近10年来西部地区大规模基础设施建设和旅游业的发展，使大熊猫栖息地再次被逐步蚕食。在岷山和邛崃山地区，一方面四处都竖立着"熊猫故乡"的宣传牌，而另一方面又不断侵占和损害大熊猫的生存环境，道路、小水电站、矿山和旅游等项目的建设，使大熊猫的生存已到了无路可退的地步。

2008年"5·12"大地震正发生在大熊猫的主要分布区内，全国有49个大熊猫自然保护区受到不同程度的损毁，有80万亩的大熊猫栖息地彻底损毁，占大熊猫栖息地总面积的8.3%。地震后，世界自然基金会（简称"WWF"）在岷山大熊猫保护区以及周边社区，正在进行的110个保护及社区发展项目中，有86个项目暂时无法开展工作。

卧龙自然保护区

地震后的第二天，一位网友就发出了这样的帖子："汶川是卧龙大熊猫的故乡，祝愿汶川人民和大熊猫在这次大地震中母子平安。"表达了全国人民对灾区人民和大熊猫的牵挂。

汶川大地震使四川岷山和邛崃山大熊猫的生存环境雪上加霜，大熊猫和其他野生动物的基因交流走廊严重受损。位于岷山南段的龙溪——虹口、白水河、九顶山、千佛山4个自然保护区，在2001年第三次大熊猫调查时就仅剩下35只，远低于野生动物能够正常维系遗传基因必须不低于60只的下限。这次地

地震后的卧龙熊猫保护区

震造成的栖息地破碎化，使这里大熊猫的生存环境更加严峻。另外，灾后恢复重建的许多基础设施项目逐渐实施，大熊猫栖息地很可能将面临新一轮的危机。

大熊猫在地球上的存在已超过300万年，这期间虽然躲过了一次又一次的自然灾难，却无法躲过近百年人类对它栖息地一点点地逐步蚕食和破坏。

二、世界上仅有的园囿动物——麋鹿

麋鹿为鹿科大型草食动物，因其形态特异，角似鹿、蹄似牛、尾似驴、颈似驼，而被称为"四不像"。麋鹿是原产我国的珍贵稀有野生动物，现在其野生种群已经灭绝，世界现存的麋鹿都来自园囿。

早在200万年以前，麋鹿曾广泛分布于我国大陆的广大地区和中国台湾、日本等地。从化石资料上看，北起东北南部，南到广东、海南，西至陕西、湖南西部，东到台湾的广阔区域内，均有麋鹿生存的痕迹。我国人民对麋鹿的认识有着悠久的历史，早在3000多年前的甲骨文中就有射猎麋鹿的记载。至2700年前周朝达到鼎盛时期，就开始有麋鹿之

名称，并开始大量猎捕，取肉供食。秦汉以后，麋鹿数量开始锐减，分布范围也逐步缩小，随着湖沼湿地的开发和大量的捕猎，最终导致野生麋鹿全部灭绝。

关于麋鹿的灭绝时间，有的学者认为是在商周以后的某个时期，有的学者认为自西汉以后，有的学者认为在唐代。最近，有些学者经考证后，确定麋鹿在我国是在19～20世纪初才最后灭绝的。即便这样，麋鹿在我国的绝迹已有百年历史了。麋鹿灭绝的原因主要有三个方面：本身特点、湖沼湿地的消失和人类的捕杀。自身方面的原因是指麋鹿个

麋鹿

体比较大，给其生活、生育和避敌带来了困难。从其生活习性上看，麋鹿是一种泽兽，适生于沼泽水草丛生之地。但随着人类社会的进步，东北、华北平原地区大面积的沼泽湿地被开垦为农田，野生麋鹿和人类争夺地盘的斗争也愈演愈烈，最终导致它们的绝迹。麋鹿与

人类的生活关系很密切，在古代就有许多猎捕麋鹿的记载。

在我国人民猎捕麋鹿的同时，也开始了对麋鹿的饲养和保护，至少在前1000年之前的周文王时期就已开始人工饲养麋鹿。齐宣王时有"囿方四十里，杀其麋鹿者如杀人之罪"，用严刑厉法保护园囿里豢养的麋鹿。当今世上的所有麋鹿也都来自清代北京的皇家猎苑——南海子，并在此地被西方人发现后进行了科学记载。然而，由于19世纪末的水灾使南海子的围墙倒塌，麋鹿逃散，流失人间，成为饥民的食粮。随后，1900年八国联军攻进北京，战祸使麋鹿最终彻底消失了。

所幸的是，自麋鹿被西方发现以后，欧洲各国通过各种手段，在1865年至1894年之间从中国获得不少个体，饲养在动物园之中。动物园内的禁闭式的生活，严重地影响了麋鹿的生长发育，麋鹿普遍出现体质退化、繁殖困难、趋于衰亡的

状态。为了挽救这种珍稀的动物，英国11世贝福特公爵自1894年至1901年相继从欧洲各地收集了18只麋鹿，组成世间唯一的麋鹿群，将其放养在他的乌邦寺庄园，使这种动物得以保存下来。现在世界上共有麋鹿近2000头，全部都是由乌邦寺庄园的18只麋鹿群发展起来的。

为了让麋鹿能回归故里，重建野生种群，20世纪80年代，我国政府建立了北京南海子和江苏大丰自然保护区，并于1985年和1986年分别从英国引回20头和39头麋鹿放养在这里。回归祖国的麋鹿在其园圃故乡南海子和野生故乡大丰健壮成长，到1992年底已繁殖到122只。目前，在大丰保护区出生的"大丰籍"母麋已开始繁殖后代，标志着重建野生麋鹿种群的理想即将成为现实。

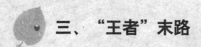

三、"王者"末路

华南虎，世界十大濒危的动物之一，它也许已经从山林中消失了。

华南虎，一直牵动着中国人的心。在最近几年中，不断有关于所谓华南虎的"新闻"。2007年发生在陕西省的华南虎造假新闻，曾引起广大公众的强烈关注。周正龙用华南虎照片伪造证据，谎称发现了华南虎，甚至引起美国《自然》杂志的注意。

华南虎

一种野生动物的濒危和消亡，从来没有像今天这样引起人们如此强烈的关注。因为，华南虎就在这些年，在我们的动物保护意识刚刚觉醒时，从我们的眼皮底下，已几乎走向了灭绝。堪察加棕熊的悲剧，又在华南虎身上重演了。

长期以来，虎在人们的心目中，一直是兽中之王。虎在生态系统中，位于食物链的顶端，有"旗舰物种"之称。据估计，全球野生虎的数量可能已经不足5000只，主要分布在亚洲的孟加拉国、中国、印度以及俄罗斯等国家。

在中国，大家最熟悉的虎有西伯利亚虎（又称东北虎）和华南虎（又称中国虎）。东北虎分布在我国黑龙江、吉林省的大面积原始林区。华南虎曾在秦岭以南广泛分布。20世纪80年代以来的多次普查表明，华南虎在野外仅残存不到20只。21世纪初，由中外科学家的联合调查表明，华南虎可能已经在野外消失。据估计，野生东北虎可能不到20只。

虎在中国曾是一种分布很广的动物，由于猛虎伤人，早在20世纪50～60年代，打虎就是一种公认的英雄行为。但华南虎和东北虎却有不同的遭遇。早在1959年，林业部门就把华南虎与熊、豹、狼等划为害兽，号召人们大力捕杀；而东北虎则被列入与大熊猫、金丝猴、长臂猿同一类的保护动物，可以活捕，不能杀死。这样，华南虎就遭遇了灭顶之灾。

新中国成立初期，野生华南虎的数量估计有4000多只，

这是一个很庞大的群体。由于虎对人类的威胁，政府号召打虎，甚至还组织专门的打虎队，想尽千方百计对其赶尽杀绝。例如，1956年冬，福建的部队和民兵联合作战，捕杀了530只虎、豹。在这场运动中，江西的南昌、九江、吉安等地捕杀了150多只老虎。有一个专业打虎队，在1953年至1963年的10年时间内，转战粤东、闽西、赣南三省，共捕杀了130多只虎、豹。在围歼华南虎的运动中，涌现出许多打虎英雄。

谁也没有想到，30年后，华南

虎皮

虎会在中国引起再次关注，关注的焦点是希望恢复一个走向灭绝的动物种群，为保持中国的生物多样性作一份努力，但为时已晚。

就在我国号召大规模猎杀华南虎时，一些国际动物保护组织开始对华南虎的处境表示极大的关注。1966年，国际自然与自然资源保护联盟在《哺乳动物红皮书》中将华南虎列为濒危级。

而我国在1973年的《野生动物资源保护条例》（草案）中，还把华南虎列为三级保护动物，仍允许每年控制限额的捕猎。4年之后的1977年，终于将华南虎从黑名单转入到受保护的红名单，它和孟加拉虎同属于禁止捕猎的第二类动物。东北虎仍然位于保护兽类的首位。到1979年，才将华南虎列为一级保护动物。据估计，到1981年，野生华南虎的数量大约只剩下200只。

鉴于华南虎的濒危状况，1986年在美国举行的"世界老虎保护战略会议"上，把中国特有的华南虎列为"最优先需要国际保护的濒危动物"。1989年，我国颁布了《野生动物保护法》，终于将华南虎列入国家一级保护动物名单。1996年，国际自然与自然资源保护联盟发布的《濒危野生动植物种国际贸易公约》，将华南虎列为世界十大濒危物种之首。华南虎成为最需要优先保护的极度濒危物种。1993年，鉴于中国野生虎的数量已极为稀少，国家禁止了虎骨贸易，禁止虎骨入药。同时，东北虎在人工圈养条件下，大量繁殖，在东北最大的繁殖基地中，数量已超过900只。虎在动物园中也迅速繁殖，仅北京动物园饲养的东北虎，从20世纪50年代到现在已繁殖了120多只。

从20世纪50年代开始，我国在捕获野生华南虎的基础上，开始进行人工饲养。华南虎作为一种观赏动物，进入了动物园。有6只华南虎繁殖了后代，至今共有300多只。在动物园中饲养的这些虎，由于人们缺少对动物的爱心，有些虎不同程度地受到虐待。诗人牛汉的《华南虎》就是见证。

为了挽救濒危的华南虎，1995年我国成立了华南虎协调委员会，统一协调华南虎的救助工作，在进行一系列调查的同时，加强了栖息地的保护。

中国动物园协会为华南虎建立了谱系，记载了全部圈养华南虎的繁殖情况和相互之间的亲缘关系。通过科学的分析研究发现，圈养华南虎种群的基因多样性在逐渐下降，这是多年来近亲交配的结果。

1996年，联合国国际自然与自然资源保护联盟发布的《濒危野生动植物国际公约》将华南虎列为第一号濒危物种，列为世界十大濒危物种之首，最需要优先保护的极度濒危物种。

华南虎，这一悲剧性的物种，终于成了举世瞩目的明星。只是聚光灯下空空落落，主角缺席。我们不知野生华南虎身在何处，甚至，不知道它们是否永远告别了这个世界。

 四、白鳍豚的消失

长江是我国第一大河，世界第三大河，全长6300余千米，流经六省二市，历来就是沟通我国西南腹地和东南沿海的交通运输大动脉。

由于中国经济的持续快速发展，长江沿岸又是我国经济发展最快的地区，进入21世纪，长江航运迅猛发展。2005年，长江干线货运量达到11.23亿吨，是密西西比河货运量的2倍和莱茵河货运量的3倍。

通过长江货运量的不断增长，可以知道沿岸经济的发展是快速的，但同时，滚滚不息的江水，也为沿岸的排污提供了方便。水上载运的是各种各样的物资，水中流淌的是难以计数的污染物。

2005年，90%未经处理的工业污水、农药、化肥、生活污水直排到长江中，1秒钟污水排放量达3吨，全年污水排放量达256亿吨。

长江干流共有21座城市，重庆、岳阳、武汉、南京、镇江和上海6大城市的垃圾污染带，占长江干流污染带总长的73%。

长江流域最主要的污染源就是工矿企业产生的废水和城镇的生活污水。来自农田的化肥、农药污染，是长江的另一主要污染源，由此造成的污染不亚于工业废水和生活污水的污染。长江上常年运营的机动船舶多达21万多艘，它们每年产生的含油废水和生活污水高达3.6亿吨，生活垃圾也多达7.5万吨，这些都随着江水排入大海。污水造成长江干流60%水体不同程度的污染，危及沿江500多座城市的饮用水。

长江可能变成第二条黄河，专

家和媒体一直发出这样的警告。长江水逐年变混浊，主要是由于上游不断加重的水土流失。作为上游的水源地区，长期的采伐导致森林覆盖率不断下降。上游地区森林覆盖率历史上曾达到60%～85%，到20世纪80年代一度降至10%左右。沿江两岸有的地方只剩5%～7%。目前，长江流域水土流失面积超过66万平方千米，占流域总面积的1/3，年土壤侵蚀总量达22.4亿吨。这么多的土壤最后差不多都成为长江里的泥沙，并由此加速了湖泊的沼泽化和萎缩消亡进程。

长江水的严重污染和泥沙含量的增加，使鱼类捕捞受到严重影响。1954年，长江流域天然捕捞产量达42.7万吨，目前只有10万吨左右；1960年，长江四大家鱼鱼苗产量达300多亿尾，目前不到10亿尾。长江渔业资源严重枯竭。

与此同时，生物多样性受到极大破坏。1985年，在长江口观测到126种底栖动物。到2002年，只剩下52种。珍稀水生动物濒临灭绝，其中白鳍豚已被宣布灭绝，江豚、中华鲟甚至普通的刀鱼等也处境艰难。

2006年，来自中国、瑞士、英国、美国、德国和日本6国的鲸豚类专家，从武汉出发沿长江到上海，历时38天，往返航行近3400千

污水排入长江

米，考察范围包括长江中下游所有支流，经过大规模高精度的搜寻，没有发现白鳍豚。随后，考察组发表报告，宣布白鳍豚已经"功能性灭绝"，意思是就算还有极少数个体存在，也不能维持一个物种的延续了。

米勒根据与亚马孙河中亚河豚标本进行的比较，于1918年，确认白鳍豚是一个动物新种。至今，仍没有一个国外的专家见过活着的白鳍豚，白鳍豚的标本只在美国华盛顿、纽约和英国的一家自然历史博物馆中有收藏。

1956年，南京附近的渔民在长江中捕到一条奇怪的"大鱼"，被送到当时的南京师范学院制作成标本，但没有人叫得出它的名字。1957年，当时只有25岁的动物学家周开亚，从中国科学院动物研究所学习归来，见到了"怪鱼"标本，他也不认识。由此，周开亚开始研究这种陌生的动物，一年后他的论文发表，国外的动物学家才有了白鳍豚的新消息，并称周开亚是白鳍豚的重新发现者。

后来，这位著名的白鳍豚研究专家不无遗憾地回忆说："当时国内还没有保护野生动物的观念，我对白鳍豚的初期研究，只是给动物学文献修正了一处失误，没有给濒危

的白鳍豚提供任何帮助。它依旧默默无闻地生存着。"

20世纪70年代中期，周开亚得到了1000多元的研究经费，一个人用3个多月的时间，跑遍了沿江的湖北、湖南、江西、安徽、江苏和上海，寻找白鳍豚。他发现，白鳍豚的分布范围，比原来知道的要大得多，可以从洞庭湖长江段向西推进200千米以上，直至三峡；向东，白鳍豚不但可以直达长江入海口，甚至还曾在浙江省富春江一带出没过。

由此开始，中国的白鳍豚研究进入了研究与保护并举的时期。

1980年，湖北省嘉鱼县的几位渔民在长江与洞庭湖交接处，捕获了一头雄性白鳍豚。这头白鳍豚被武汉的中科院水生生物研究所收养，测量它的体长为1.47米，体重36.5千克，年龄约为2岁，并取名为"淇淇"。1986年，"淇淇"差不多8岁时，达到性成熟年龄。研究人员开始给它找"对象"，先后3次找来4只捕获的白鳍豚，但都因为受伤等原因，没有养活多长时间。就这样，"淇淇"自己一直生活到2002年死去，年龄约为25岁，大概是高龄了。

被人工饲养了22年的"淇淇"，

成为人类认识白鳍豚唯一的活标本，它为一个物种的历史画上了句号。

白鳍豚

白鳍豚的死亡，主要原因是人为伤害。几十年来发现的白鳍豚，都是被轮船的螺旋桨所伤害，频繁的水上运输严重干扰了白鳍豚的声呐系统，导致误撞在船舶上致死，或者是被非法渔具所伤，也有的是因为遭受污染而死。据统计，1973年至1985年间，共意外死亡59头白鳍豚，其中被渔用滚钩或其他渔具致死29头，被江中爆破作业致死11头，被轮船螺旋桨击伤死亡12头，搁浅死亡6头，误进水闸死亡1头。

这就是关于白鳍豚的一段历史。

动物学家周开亚在听到6国调查组宣布白鳍豚灭绝的消息后，他没有惊讶，只是平静地说："我们未能预见长江流域经济发展的速度有这么快，规模有这么大，对白鳍豚栖息地的破坏有这么剧烈，因而没有估计到消亡的时间来得如此之快，快得来不及实施更有效的保护措施。"这是物种保护和经济发展之间的矛盾，单凭动物学研究者一方之力，很难调和。

白鳍豚消失了，长江之水还在继续遭受着污染和交通运输的巨大干扰。长江中还有大约1000只江豚，属于国家二级保护动物；还有中华鲟，属于国家一级保护的珍稀鱼类，数量稀少，由于个体大，更易受到伤害。不知这些动物能支撑多久，是否会重蹈覆辙？参与考察的另一位专家不无遗憾地表示："我们来得太晚了，这对于我来说是一个悲剧，我们失去了一种罕见的动物种类。"

 五、藏羚羊悲歌

藏羚羊为羚羊亚科藏羚属动物，是中国重要珍惜物种之一，国家一级保护动物，主要分布在中国青海、西藏、新疆三省区，现存种群数量约在10万只。

藏羚羊历经数百万年的优化筛选，淘汰了许多弱者，成为"精选"出来的杰出代表。许多动物在海拔6000米的高度，不要说跑，就连挪动一步也要喘息不已，而藏羚羊在这一高度上，可以60千米的时速连续奔跑20～30千米，使猛兽望尘莫及。藏羚羊具有特别优良的器官功能，它们耐高寒、抗缺氧、食料要求简单而且对细菌、病毒、寄生虫等疾病所表现出的高强抵抗能力也已超出人类对它们的估计，它们身上所包含的优秀动物基因，囊括了陆生哺乳动物的精华。根据目前人类的科技水平，还培育不出如此优秀的动物，然而利用藏羚羊的优良品质做基因转移，将会使许多牲畜得到改良。

由于藏羚羊独特的栖息环境和生活习性，目前全世界还没有一个动物园或其他地方人工饲养过藏羚羊，而对于这一物种的生活习性等有关的科学研究工作也开展甚少。

可是突然有一天，刺耳的枪声划破了藏羚羊家园的宁静，厄运降临到它们头上，仅仅是因为它们身上轻软细密的绒毛，可以用来制造一种叫做"沙图什"的披肩。无数藏羚羊被非法偷猎者捕杀！昔日茫茫高原上数万只藏羚羊一起奔跑的壮观景象，如今再也见不到了。

"沙图什"是波斯语，意为"羊毛之王"，喻意是王者使用的毛织品，又译为"皇帝披肩"。又因该织品极柔软，很容易地就能从戒指中穿过，所以又称"戒指披肩"。几个世纪以来，印度人和巴基斯坦人有把"沙图什"作为上等装饰品和收藏品的传统。后来该饰物流传到欧美，同样受欧美上流社会的青睐。近年来，"沙图什"披肩逐渐成为欧美市场的时尚，有钱人以拥有一条

藏羚羊

"沙图什"为荣。"沙图什"往往成为财富和身份的象征，最高售价可达4万美元一条，比相同重量的黄金还贵。随着市场需求量的增加，使长期以来以手工编织为主的"沙图什"工业，在20世纪80年代末升级到了机器生产，生产规模扩大，对原料的需求量也大增，于是威胁藏羚羊的"黑手"就从国际上伸到了中国藏北高原。市场需求量的增加使羊绒价格急剧上涨，1996年每千克生绒价格曾达到1715美元／千克，当时在拉萨一张羊皮的价格在300～400元不等。暴利的驱使使藏羚羊从20世纪90年代初开始遭遇疯狂盗猎，大批武装盗猎分子进入藏北高原藏羚羊栖息地，猎杀藏羚羊，取皮弃尸，再将羊皮运至拉萨取绒，生绒再经尼泊尔走私至克什米尔制作披肩，再经印度贩卖到欧美各地，藏羚羊的悲剧开始了。

而长期以来"沙图什"的血腥本质国际上很多人并不清楚，因为制造和销售商们早已为藏羚羊绒的来历编造好一个动人的谎言，说：这种极柔软近似鹅绒般的原材料，都是克什米尔本地人爬到高山上，花费很长时间把藏羚羊换季褪毛后散落在岩石和灌丛中的毛，一点点收集起来的。长久以来，人们对于这个谎言深信不疑。

被杀死的藏羚羊

因为冬季藏羚羊的羊绒较厚，使得冬季通常是盗猎活动最猖獗的季节，但是，随着藏羚羊数量的急剧减少，冬季藏羚羊分布又相对分散，给偷猎者带来了困难，于是盗猎分子又将目光转移到产羔地，因为夏季藏羚羊产羔时有集群迁徙到统一地点的习性，怀胎母羊奔跑慢，盗猎者容易得手，屠杀集群产羔的母羊，给藏羚羊种群的繁衍造成毁灭性的破坏。

1998年6月，阿尔金自然保护区管理处与香港探险学会联合组织了对保护区西部藏羚羊产羔地的首次考察。在考察队就要到达目的地时，眼前的一幕令所有的人惊呆了。沿途的天空飞满了秃鹫和乌鸦，地上堆砌着一堆堆被扒了皮的藏羚羊尸体，尸体旁还卧着失去母亲而饿死的小羊。在被猎杀的86具藏羚羊尸体中，约1/3是即将分娩的母羊，一尸两命。这是自保护区建立以来，第一次在产羔区发现的偷猎行为。

1999年6月，保护区管理处再次与香港探险学会联合组织了对去年同一区域的考察与武装巡护。在前往目的地的路上，所有队员心里都在默默祈祷着不要再看到去年那悲惨的一幕，可不幸的是，他们还是晚来了一步，等待他们的是更为惨烈的情景。最先发现的一处现场，横尸着7只藏羚羊，已剥了皮，在尸体堆的四周散落着弹壳和丢弃的小口径子弹盒，考察队员们顺着车辙一路追赶，不久就又发现了另一处现场，这里有71具藏羚羊的尸体。

第二天，他们抓获了2名盗猎分子，并缴获了47张羊皮，还发现了未来得及剥皮的15具藏羚羊尸体。

在短短的两天里，在不到300平方千米的区域内，共发现了26处盗猎现场，991具藏羚羊尸体，检查发现，29%的藏羚羊都已经怀胎，1200多个鲜活的生命就这样被罪恶的子弹终结了。面对这样的场景，

考察队员们心情十分沉重，为藏羚羊感到悲哀，为一些人的恶行感到羞耻，那血造的披肩会是美丽的吗？

近十年来，藏羚羊以平均每年2万只的数量在锐减，仅阿尔金山保护区藏羚羊数量就从1989年的9.6万～10.4万只锐减到1998年的6700～1.38万只，藏羚羊的命运危在旦夕。

中国政府加大了对盗猎的行动打击力度。在保护藏羚羊的行动中，发生过许多感人的故事。例如，为了保护藏羚羊，1994年1月18日，青海省治多县委西部工委第一任书记索南达杰，在可可西里太阳湖畔遭到盗猎分子的围攻，中弹牺牲。在他的英勇事迹感召下，一支武装反盗猎队伍成立了，这就是著名的野牦牛队，野牦牛队多次深入可可西里无人区追捕打击盗猎分子，所到之处令盗猎分子闻风丧胆，成为中国保护藏羚羊的一面旗帜。

据不完全统计，自1990年以来，中国森林公安机关共破获盗猎藏羚羊的案件100余起，收缴被猎杀的藏羚羊皮1.7万余张、藏羚羊绒1100余千克、各种枪支300余支、子弹15万发、各种车辆153辆，抓获盗猎藏羚羊的犯罪嫌疑人近3000人，

击毙盗猎分子3人。经过坚持不懈的反盗猎斗争，可可西里远离了枪声，保护区内呈现出安宁祥和的景象。

另一方面，从1998年开始，国际爱护动物基金会开始关注藏羚羊的保护，他们不仅资助国内的反盗猎行动，而且在国际上大力宣传劝导消费者不要使用"沙图什"。在真相面前，以前被视为时尚的"沙图什"在人们的眼里开始变了颜色，在国际上流社会产生了抵制购买"沙图什"的运动，有力地打击了"沙图什"贸易。藏羚羊的命运也受到越来越多人们的关注。

近几年来，随着藏羚羊分布区反盗猎工作力度的加大，武装盗猎藏羚羊案明显减少。如今，在可可西里，虽然没有了枪声，然而藏羚羊及其生存环境却面临着更为严重的生态威胁。

随着保护区放牧区域的不断扩大，藏羚羊等野生动物的活动范围及生存空间日益缩小，保护区已不是真正的"无人区"。可可西里保护区周边地区的400多名牧民陆续进入保护区腹地放牧，多达3万头的家养牛、羊占据了藏羚羊的一些栖息场所和重要的水源涵养区，同时家养的牛、羊在保护区与野牦牛、藏羚羊可能会产生交配行为，这在某种程度上将会造成高原野生动物物种发生变化。

近两年来，青藏高原地区出现自驾车旅游热，穿过可可西里保护区的青藏公路成为迁徙藏羚羊的最大"杀手"，一些过往司机经过保护区时不减速，结果令过道藏羚羊遭遇车轮之祸。从去年以来，非法闯入保护区滥采沙金的活动有抬头趋势，这也在很大程度上给藏羚羊等野生动物的生存环境带来了破坏。

保护藏羚羊的意义和影响绝不亚于保护国宝大熊猫。任何一个物种都是地球的财富，更是我们人类的伙伴。千万要避免，当我们的后人需要了解藏羚羊时，却只剩下皮毛、标本和照片！

 六、黑熊的哀嚎

熊在世界上是一种广泛分布的动物，用过去的一句话来说，它"浑身是宝"。熊掌可做成名贵的菜肴，熊胆可以入药，熊的皮毛有很好的经济价值，等等。因此，熊长期以来一直是人类猎捕的对象。但实行动物保护以后，世界不同地区的熊，往往有着不同的命运。

2005年，美国狮门影业公司发行了一部震撼人心的纪录片《灰熊人》，这部纪录片讲述了一个与灰熊为伍13年，最终死在灰熊掌下的野生动物保护主义者的故事。故事的主人公叫蒂莫西·崔德威尔，他对熊的生死恋歌，深深地震撼着喜欢野生动物故事的人们。

崔德威尔自从第一次踏上阿拉斯加，就爱上了那一望无垠的森林、荒原威和那里的灰熊。13年的时光，崔德威尔以自己的勇敢和机智，与灰熊交流、拍照和记录，在最后5年里，他用摄像机记录下了自己和灰熊的生活，让人们认识灰熊，爱护灰熊。崔德威尔留下的灰熊录像长达100多小时，影片制作者通过精巧的剪辑，合成了这部保持原生态的人与灰熊的纪录片。

不知什么原因，有一天，一头灰熊闯入了崔德威尔的营地，攻击了他和他的女友，导致二人惨死在熊掌之下。在崔德威尔遇害前几个小时，他在录像中留下这样一句话："我已经努力尝试，我为它们流血，我为它们而活，我因它们而死，我爱它们！"

崔德威尔与熊的故事，是阿拉斯加熊类与人的一个既动人又惨烈

的故事。在阿拉斯加这个靠近北极的冰雪世界里，终年上演着一幕幕壮美的动物故事，来自北美地区的动物学家、动物保护者和摄影师，多年如一日，在这里追踪着定居的或迁徙的动物，探寻着它们生存的秘密。

在阿拉斯加，生活着美国98%的棕熊，约占北美地区棕熊总数的70%。据统计，阿拉斯加的棕熊数量约有4.5万只。而在20世纪初，仅美国就有将近10万只棕熊。这里还生活着科迪亚克棕熊，它们是与棕熊不同的另一个亚种。

卡特迈国家公园位于阿拉斯加半岛北部，在其1.6万多平方千米的土地上，生活着约2000只阿拉斯加棕熊，这里是棕熊的保护地。早在1917年，卡特迈地区就禁止猎杀棕熊。但在其他地区，每年春秋两季仍允许以棕熊为对象的狩猎活动，因为这是一项很有利润的产业。当然，猎杀母熊和幼熊是被禁止的，而且有关部门对猎熊活动进行着严格的控制。

每一个喜欢《动物世界》节目的人，都不会忘记在卡特迈国家公园的布鲁克斯瀑布，棕熊捕食鲑鱼的过程。盛夏时节，正是太平洋里的鲑鱼洄游的季节，这些营养丰富

的鱼类，在经历了海洋生活之后，沿着祖先走过的路，溯河洄游到棕熊生活的地区，成了棕熊每年一遇的大餐。对棕熊而言，这样一顿美味不仅仅是解决馋嘴问题，重要的是为冬眠储存了必要的能量。

棕熊

棕熊是熊类家族中的老大哥，它体形硕大，肩高可达1.4米，当它们直立起来时身高可达2.7米。一只成年雄性棕熊的平均体重可达180～500千克，最大的甚至可达800千克，而大熊猫的平均体重只有90千克。棕熊的寿命大约为30年，在4～6岁时性成熟。它的毛长约6厘米，厚厚的皮毛是其应对寒冷的最好武装；其毛色变化很大，从深栗色到泛着金黄栗色都有。

如果你认为棕熊身体笨重、行动缓慢，那就大错而特错了。强劲的肌肉使它奔跑时，能够达到66千米的时速。长达10厘米的爪子，无论是挖掘草根，还是捕获猎物，都能派上大用场。棕熊的嗅觉非常发达，能闻到1.5千米以外的气味，它的鼻腔中嗅觉黏膜的面积是人类的100多倍。敏锐的嗅觉，是棕熊个体间识别和发现敌人的重要保障。"对棕熊来说，每一天都生死攸关"，这是它们生存的法则。

阿拉斯加卡特迈国家公园中的棕熊，能够悠闲地生活着，得益于这里有近百年的保护历史。而保护区之外的地方，棕熊则会遭到季节性的猎杀，但这种猎杀是受到严格限制的。因此，棕熊在这里既受到有效的保护，又能够被合理地利用。

在白令海对面的堪察加半岛，曾经生活着熊的另一个亚种——堪察加棕熊，当人们想起要进行保护时，这种熊类已经灭绝。堪察加半岛属于俄罗斯，气候寒冷，一年的大部分时间里由冰雪覆盖，当地居民以狩猎为生。堪察加棕熊因为皮毛质地上乘，在欧洲市场很受青睐，而且体格壮大，出肉量高，因此成为当地猎人的首选猎物。到20世纪初时，人们发现已经很难再寻觅到棕熊，于是想到应该保护这种重要的珍稀动物，可为时已晚。1920年之后，没有人再发现过堪察加棕熊。在堪察加半岛，棕熊中的一个亚种就这样消失了。

中国境内的熊却是另一番遭遇，极其令人痛心甚至愤怒。

中国有三种熊类，分别是黑熊、棕熊和马来熊。根据20世纪90年代初期的调查，其中数量最多、分布最广的是黑熊，约有4.6万多只，分布于中国的东北、西北、西南和华南的14个省区。棕熊约有1.4万多只，分布于东北、西北和西南的9个省区。马来熊约380只，零星分布于云南的西南和西藏东南的局部地区。

黑熊和棕熊在我国的分布情况，长期以来一直缺少科学的调查。到20世纪90年代初期进行调查

时，发现黑熊在我国的分布已发生了显著的变化，原来连续成片的分布区，已被割裂为东北和西北两大块及东南的破碎区。近百年内，棕熊已从华北的广大地区消失，并已在近几十年从东北的整个松嫩平原和三江平原大部绝迹。

在我国的传统认识中，熊是一种害兽，特别是黑熊，在一些山区，由于损害庄稼和果树而为山民所深恶痛绝。因此，熊一直是一种受到猎杀的动物。同时，熊胆作为一种中药，已被利用上千年。这样，一方面，因为熊类自身的破坏性和药用价值，而被人们猎杀；另一方面，随着人口的剧增，森林的砍伐，适宜熊类栖息的环境已逐渐丧失，在大多数地区，熊已经不存在了。

四川和甘肃的岷山山系，是黑熊种群数量最多的地区，估计有1.56万只黑熊；四川和西藏的大雪山，估计有2万只黑熊，其中四川约占半数；云南、陕西和黑龙江的黑熊不多，估计每个省约为2500只。有专家认为，中国的野生黑熊种群数量虽不丰富，但并未进入濒危状态，有的专家认为

黑熊

只是易危种。

在东北地区，过去民间关于"黑瞎子"的故事很多，随着黑熊的减少，关于"黑瞎子"的民间记忆，也将逐渐淡漠。当一种野生动物从人们的视野和记忆中消失时，既是这种动物的悲哀，也是人类的一大损失。

被取胆汁的黑熊

随着我国野生动物保护事业的发展，黑熊和棕熊被列为国家二级重点保护野生动物。但熊作为一种资源动物，熊胆的价值一直对人们有很大的诱惑。养熊取胆，作为一种产业在许多地区，成为人们发家致富的门路。

20世纪80年代，朝鲜发明了用活熊取胆的方式来获取胆汁，很快这种技术就传入中国。那时，《野生动物保护法》尚未实施，在中国境内很快就出现了大量的黑熊养殖场，饲养黑熊的总数超过1万头。

活熊取胆是极其残酷的，通常是给熊的体内植入一根直接向外输送胆汁的导管，伤口长期暴露，永不痊愈，经常感染。有的熊还被迫穿上金属"马甲"，以防它们疼痛

难忍时将体内的导管拉出。这种植入手术既原始又不卫生，对熊是一种极大的伤害。被关在养熊场里的熊，经常发出无助的呻吟声。

这是一位动物保护组织成员在福建武夷山下的一个村庄里看到的惨状：一只黑熊被关在一个极其窄小的铁笼里，它的全部活动就是只能前进或者后退。它的腹部，被人埋进一根金属管子，管端接着细长的橡皮管，直通到笼下的一只玻璃瓶。瓶里有一些黄色的汁液，原来那是熊的胆汁。可怜那黑熊被如此地困在铁笼中，浑身黑毛乱蓬蓬，没有一点儿光泽，瘦成了狗样。也不知是愤怒还是伤心，见到我们就发出阵阵凄厉的吼声。主人面带喜色地告诉我们，这只熊给他带来了巨大的经济效益。它吃的是地瓜，生产的是黄金！据说，这样取胆汁

可以活两三年，远比直接杀熊取胆要合算得多。

我国自1989年实施《野生动物保护法》以后，在熊类圈养繁殖研究、胆汁引流技术、圈养设施和疾病防治等方面，得到了进一步的规范、发展。"拯救黑熊"行动将许多生活在恶劣条件下的黑熊救了出来，逐步形成了符合要求的养熊产业。国外的动物保护组织和有关专家，对中国的养熊业在熊的来源和养殖管理上仍有不同声音。

目前，我国仍有7000多只黑熊承受活体取胆汁的痛苦。亚洲动物基金的人员表示，健康的黑熊胆汁呈明亮的黄色，但由中国大陆这些养熊场的黑熊所抽出的胆汁，则是黑色呈泥沙状，可能因为黑熊的伤口长期外露，使胆汁含有粪便、脓水等，却被制成治肝病的药物、痔疮膏等产品，很不卫生。

对于一种动物的利用，既要不影响其野生资源，又要使动物的生活不受虐待，必须有相应的法律法规来约束。一些专家认为，应该彻底终止养熊业，有多种中药可以代替熊胆，而且比较方便，如黄连、金银花等，应该杜绝养熊业，以保障消费者及黑熊的健康。

 ## 七、蝴蝶的贩卖与开发

蝴蝶，是昆虫世界的佼佼者。它美丽的身姿，飞舞在万花丛中，为春光增色，使大自然生辉。

"化蝶"，在中国有一个美丽动人的民间传说，梁山伯与祝英台的故事，永远与蝴蝶相联结，它承载着人们对爱情的追求，对美好生活的向往。

从一条令人惧怕的毛毛虫，蜕变为一只五彩缤纷的蝴蝶，是大自然的神奇，是生命的奇迹。

蝴蝶与蛾看起来有些相似，彼此之间的亲缘关系也不远，都属于鳞翅目昆虫，但如果仔细分辨，相互之间的差别并不难看出。

从生活习性来看，蝴蝶白天活动，蛾一般是夜间飞舞；蝴蝶色泽艳丽，翅上的图案醒目而清晰，光泽耀眼，蛾则多数没有鲜艳的色彩。二者最容易区别的是：在静息时蝴蝶的双翅直立与背垂直，而蛾的双翅则是平面展开或下垂。

蝗虫集群迁移带来的是灾难，而蝴蝶如果集体行动，不仅是创造美景而且也创造了奇迹。

在我国云南的大理，在苍山洱

海之间，有著名的蝴蝶泉，每年春天，当百花开放的季节，成千上万只蝴蝶飞到泉边，举行一年一度的"集会"。不过这都已成为历史，最近若干年，已是只有泉水，蝴蝶却无影无踪。中国台湾盛产蝴蝶，高雄附近的蝴蝶谷和屏东县的蝴蝶谷，是著名的旅游胜地，闻名世界。

在美洲大陆，帝王蝶创造了蝴蝶迁飞的奇迹。帝王蝶又称黑脉金斑蝶，它的双翅展开可达8.9～10.2厘米，是一种大型蝶类。它们生活在加拿大和美国北部，而越冬却在美国南部和墨西哥，每年都要迁飞大约3000千米的距离。至今，科学家们仍在探索黑脉金斑蝶的迁徙之谜。它们为什么要选择在遥远的墨西哥越冬？这些脆弱美丽的小生命，依靠什么神奇的力量，来完成年复一年艰难的生命之旅？每年的迁飞并不是一代蝴蝶能够完成的，而是几代蝴蝶生命的接力棒，新一代黑脉金斑蝶是如何靠着遗传信息的作用，朝着父辈迁飞的方向前进，准确辨识那遥远的路程呢？许多问题在等着解答。

黑脉金斑蝶的食物是一种叫做马利筋的有毒植物，这种植物广泛分布于北至加拿大、南至墨西哥的广大地区。在漫长的进化过程中，

帝王蝶

马利筋逐渐适应北方寒冷的气候，向北美地区发展，黑脉金斑蝶也随之向北迁移。但是，北美寒冷的冬季让黑脉金斑蝶无法忍受，于是进化形成了长途跋涉飞向南方过冬的能力。到了秋季，当北方的马利筋枯黄时，大批的黑脉金斑蝶南下，回到遥远的墨西哥；当春季回归时，马利筋逐渐复苏，它们又重返北方。

黑脉金斑蝶完成这样一次迁飞，需要3～4代的努力。这是世界上独一无二的生命接力，这是生命奇迹中的奇迹。

几千万只黑脉金斑蝶从遥远

的加拿大，飞到墨西哥中部的米却肯州，在当地的冷杉林中越冬。研究者曾注意到，一段时期中，由于冬季寒冷，越冬黑脉金斑蝶的数量减少得厉害。科学家用这种蝴蝶栖息占据的树林面积，计算它们的数量。在一个保护区中，曾经减少到仅仅占据了2.2公顷的树林，是最近14年来最低的。而在蝴蝶数量最多的1996年至1997年，它们曾占据了18公顷的林地。

黑脉金斑蝶的减少，引起了人们的极大关注。在墨西哥的越冬地，除了天气寒冷的原因以外，非法砍伐树木，是导致蝴蝶数量大幅下降的一个重要原因。政府已投巨资用于蝴蝶保护，首先是从保护蝴蝶栖息的树木开始。

全世界已知的蝴蝶约有1.78万种，我国已知有1200多种。我国的蝴蝶资源丰富，从西部高原到东部沿海，从海南雨林到北疆草原，到处都可看到彩蝶纷飞。

在我国众多的蝴蝶种类中，有几种是世界驰名的珍稀种类。金斑喙凤蝶，被视为世界上珍贵的蝶类之一；二尾褐凤蝶被推崇为"梦幻中的蝴蝶"；多种绢蝶吸引着国外的蝴蝶爱好者，中华虎凤蝶在欧美被视为珍品。

金斑喙凤蝶

由于蝴蝶的非法贸易，诱导了少数人的非法捕捉，加上蝴蝶栖息地的破坏，致使不少稀有的蝴蝶种类已经灭绝或濒临灭绝。为了保护珍稀濒危蝶类，1985年国际自然与自然保护联盟制定了《世界濒危凤蝶》红皮书，1990年我国根据《濒危野生动植物种国际贸易公约》的规定，列出了受威胁的蝴蝶种类。在此之前，已有5种蝴蝶列入《国家重点保护野生动物名录》。

金斑喙凤蝶是我国一级保护动物，它翅展115毫米，体长31毫米，全身遍布绿油油的鳞粉，后翅中央镶嵌着两块光彩夺目的金黄色大斑块，尾突上拖着细长的飘带，显得雍容华贵、富丽美艳。

金斑喙凤蝶主要分布于广东、广西、海南、湖南、江西、福建、浙江和云南等地，一般生活在海拔1000米以上的阔叶、针叶常绿林带，数量极为稀少，十分罕见。

1980年之前，国内一直没有一枚金斑喙凤蝶标本可供科学研究和鉴赏。

70多年前，一位外国人从我国采集到了一只金斑喙凤蝶，标本保存在英国伦敦皇家自然博物馆，成为世界独一无二的标本。1984年，我国的专业人员终于在福建武夷山自然保护区内捕获一只雄性金斑喙凤蝶。随后，武夷山自然保护区的研究人员在整理以往采集的昆虫标本时，也从中发现了一只前几年采集到的金斑喙凤蝶标本，而且是一只雌的。这一对金斑喙凤蝶的发现，填补了中国昆虫学研究的一块空白。

金斑喙凤蝶这几年虽然在海南、井冈山等地不断有发现，但至今对于这种珍稀蝶类的幼虫形态、寄主植物和生态习性等，几乎一无所知。

对这些珍稀濒危蝶类实施有效的保护，迫在眉睫。

栖息地的丧失和退化，导致蝶类的寄主植物与蜜源植物减少，直接导致蝴蝶种群的减少或灭绝。欧洲有1/3的蝴蝶种类处于危险状态；在英国，蝴蝶已经成为最受威胁的动物类群，在过去的150年里，数量锐减了超过3/4，有4种已经灭绝；美国加利福尼亚沿岸的蝴蝶，自19世纪60年代以来损失了1/3；在非洲，因热带雨林迅速减少，多种凤蝶已经消失。

枯叶蛱蝶

在我国四川的峨嵋山，有一个蝴蝶种群变化的典型事例。枯叶蛱蝶和美眼蛱蝶都是以马蓝为寄主植物，枯叶蛱蝶的成虫喜欢在阴暗的林地边缘生活，而美眼蛱蝶喜欢明亮的开阔地。由于森林破坏，大部分寄主植物已被美眼蛱蝶占据，枯叶蛱蝶种群急剧萎缩。

对蝴蝶形成威胁的另一重要因素，是非法捕获和贸易。最近几年，国内掀起了一股蝴蝶商品的热潮。特别是云南、四川、福建、浙江、北京和上海等地，买卖、收购和捕捉蝴蝶的人愈来愈多。云南大理的蝴蝶泉、西双版纳，售卖蝴蝶标本工艺品的商铺成行成市。在西双版纳的一些村寨，村民捕捉蝴蝶的热潮更是势不可当，从6岁的小孩子到60多岁的老太太都拿着个网子捉蝴蝶。用云南一些蝴蝶收购商的话说，这叫"全民捕蝶"。而这些收购商则论斤计价，用麻袋一袋一袋地从村民手上贱价收购蝴蝶标本。

随着蝴蝶商品的开发兴起，那些珍贵稀有的蝶种，特别是受到国家和国际保护的珍稀蝶种的命运就更加悲惨。前几年，曾发生过有名的"中华第一蝶案"，有6只金斑喙凤蝶标本险些走私出境。2003年，公安机关在兰州曾破获一起金斑喙凤蝶标本案，一只蝴蝶标本的交易价竟达到12万元！2008年，北京警方在一个经营蝴蝶标本的小店中，从400多只蝴蝶标本中，查获2只金斑喙凤蝶（国家一级保护）标本、88只双尾褐凤蝶（国家二级保护）、160只三尾褐凤蝶（国家二级保护）标本。在郑州，海关工作人员发现，有人分别向美国、加拿大、英国等国家通过寄航空信的形式走私蝴蝶标本。查获信封内装有26只蝴蝶标本，经鉴定，这些标本中，有金裳凤蝶2只、喙凤蝶24只，均属国家二级重点保护野生动物及《濒危野生动植物种国际贸易公约》附录Ⅱ物种，总价值可达3.4万多元。

有一种错误的认识，认为反

正蝴蝶是农林害虫，它的生命也很短，不捕捉它也会很快死亡。事实上，任何一种野生动物首先要延续种群，对于短命的蝴蝶，尤其是珍稀种类，种群数量少，繁殖能力弱，稍加人为的干扰，它就难以传宗接代。人为捕杀，造成其在没有交配前就死去，对于种群的繁衍是致命的。

橘凤蝶

南京中山植物园在20世纪80年代曾有丰富的蝶类，特别是南京地区的凤蝶和蛱蝶在那里几乎都能找到。可是有一年，植物园开发蝴蝶工艺品，仅雇用一人捕捉园中蝴蝶，经当年的两个季度捕捉，园内的凤蝶便不见了。自那以后，该园内即使是最普通的橘凤蝶和斐豹蛱蝶也变得稀有了。

由于蝴蝶在世界的一些地方数量很大，不仅成为观光旅游的一种重要资源，而且加工蝴蝶成为工艺品，直接进行蝴蝶贸易，是一个收入可观的产业。世界蝴蝶的贸易额是巨大的，每年可达1亿美元。以中国台湾为例，每年约有5亿只蝴蝶被制成工艺品，贸易额高达数千万美元。

印度尼西亚的雨蝶，在国际市场上备受青睐。农民们只要养出漂亮的蝴蝶，出口商们就会登门收购，销路很旺，利润丰厚。在我国海南，五指山蝴蝶生态牧场初步建成。通过人工种植适于蝴蝶生活的寄主植物、蜜源植物和观赏性植物，培育凤蝶上万只，形成了蝴蝶观赏场所。在海口和三亚都建有蝴蝶谷，以招揽游人。

这种对蝴蝶所谓的"开发利用"仍令人不安。以获利为目的的人工饲养往往是对野生资源的掠夺，人工饲养将在短期之内击碎昆虫和植物之间脆弱的平衡。那么，保护珍稀蝶类或通常说的保护野生生物的目的何在？我们最终要达到的理想境界是什么？是为保护已经受到威胁的物种呢，还是为了利用现代技术大量复制稀有物种以供人类消费？人们总是不厌其烦地将商品价值提出来，似乎若不能赚钱则一切关于保护的讨论便索然无味。如果以大规模饲养为目的，势必使之最终沦为人类的玩物，成为攫取

经济利益的商品，这就完全违背生态伦理学和生物多样性伦理学的原则了。

如果我们尊重自然，敬畏自然，了解生物多样性的意义和价值，便不会找不到保护的目的和方向。保护蝴蝶，最终目的应该是使蝴蝶，特别是使珍稀蝴蝶作为一种和人类具有同等生命价值和生存权利的物种，能自由地在它尚存的天然栖息地生存下去。它作为人类的朋友和邻居而存在，它的美学价值在自由生存状态下才得以充分体现。它与人类有共同利益，理应受到人类的关怀和爱护。

 八、鳄鱼的困境

提起有着"活化石"之称的鳄鱼，人们自然会想到恐龙。

地球在6500万年前的中生代时期，曾经是恐龙的世界。庞大的恐龙家族，统治地球的时间长达1.7亿年。目前已知的恐龙大约有1047种。种类繁多的恐龙，体形大小差异巨大，有的种类体长可达30米以上，高十几米，体重达二三十吨，今天的生物能够与之媲美的只有海

洋中的蓝鲸；有的恐龙身体只有几十厘米，体重最轻的只有百余克。多数恐龙是草食性的，也有肉食性的。有些恐龙以双足行走，有些用四足行走。恐龙的多样性，是生物进化的一个杰作。

在6500万年前，地球遭遇小行星的撞击，导致了恐龙家族的毁灭。留下来的后裔，只有今天的鸟类和鳄鱼。

全世界的鳄鱼共有23种，除少数生活在温带地区外，大多生活在热带、亚热带地区的河流、湖泊和沼泽地，也有的生活在靠近海岸的浅滩中。

鳄鱼中的大多数种类，属于濒危物种。例如，印度食鱼鳄，分布于印度、不丹、尼泊尔、缅甸和巴基斯坦等国，几近灭绝，2006年估计只有200只。因此，在世界自然与自然资源保护联盟的《濒危物种红皮书》中上升为"重度濒危"级物种。

泰国鳄，主要分布于泰国、柬埔寨、越南和老挝，被列入《濒危野生动植物种国际贸易公约》附录I和《濒危物种红皮书》极危种。在泰国，一度曾认为已灭绝；在柬埔寨，只有在远离城镇、人迹罕至的沼泽地，尚有少量分布；在越南，

泰国鳄曾广泛分布于许多河流、湖泊和沼泽地，但由于大量开垦农业用地、爆炸坑道、矿山开发等，种群已大为缩减，前几年估计在野外仅存约100条；泰国鳄在老挝的数量也很少。

性情凶暴的尼罗鳄，在不同国家由于种群数量大小不同，有的被列为濒危，有的被列为易危。密西西比鳄的数量由于保护得力，同时有大量人工养殖，总数达100万只，不再属于受威胁物种。

泰国鳄

扬子鳄是我国的珍稀爬行动物之一，由于野外数量极少，被认为是世界23种鳄类中濒危的物种之一。扬子鳄曾广泛分布于长江中下游及其支流，从上海到湖北省的江陵县，沿长江两侧的广大湖泽河网地区，甚至在湖北省南部、湖南省北部、两省交界的广大河网都有分布。现在仅分布于皖南山系以北，海拔在200米以下丘陵地带的各种水

体里，即分布于安徽省的宣城、南陵、泾县、郎溪、广德等县。

扬子鳄对生活地区气候条件的适应，表现在活动期与冬眠期，大体上就是夏季和冬季，其产卵孵化期与高温、高湿季节相吻合。在栖息的水体内，建有复杂的洞穴系统。水体周围的茂密植被，能为它提供足够的筑巢材料和隐蔽处。

1983年调查野生扬子鳄种群数量约为500条。由于得到保护，1992年统计约有野生种群900条。

造成扬子鳄种群减少的因素，一是栖息地环境的破坏。扬子鳄喜欢栖息于沟、塘、水库等各种水环境中，这样的环境既适合于扬子鳄在水里活动、觅食、建造洞穴和交配，又适于它营巢繁殖后代。但是，由于人口剧增，人们不断地开垦荒地，兴修水利，割草伐木，严重破坏了鳄鱼的洞穴和产卵场所，以致整个栖息地；二是乱捕滥猎。由于扬子鳄捕食饲养的鱼和小鸭、小鹅，爬行时会压坏秧苗，营造洞穴时破坏圩堤等，而被人们杀害。

它的肉可食、皮可制革，还可药用，也成为被杀的原因；三是大量农药、化肥的使用，使蛙、鱼等扬子鳄的食物减少，影响种群增长，也导致其繁殖力和生存能力降低。

扬子鳄

历史时期剧烈的气候变化是扬子鳄走向衰败的一个重要原因。例如在1111年时，也就是北宋末期，徽宗和钦宗两位皇帝被金兵俘虏，带往北方之前不久，南方的气候异常，太湖结冰，都可通行车马，这对于喜暖怕冷的扬子鳄来说，是致命的。扬子鳄的性成熟要求一定的温度，卵的孵化要求30℃左右，低于28℃就难以孵化。所以，扬子鳄在漫长的寒冷时期，最终退缩到了我国的江南地区。

1980年，我国将扬子鳄列为国

家一级保护动物。1982年，在扬子鳄集中分布的安徽省建立了扬子鳄自然保护区，并建立了扬子鳄繁殖研究中心。科研人员奋力攻关，解决了扬子鳄饲养和人工繁殖的一系列难题，为扬子鳄的保护和开发利用奠定了基础。

我国的扬子鳄人工饲养和繁殖，取得了成功。由于已有近万只的数量，在1992年东京召开的《濒危野生动植物种国际贸易公约》缔约国大会上，已允许我国进行商业性出口扬子鳄及其制品，标志着我国对扬子鳄的研究保护取得了巨大进步。扬子鳄可以作为资源动物，开始商业性开发利用和贸易。

尽管对鳄鱼贸易有严格的规定，但近几年来，鳄鱼肉的药用、保健功能被商家不断放大，在我国南方的一些地区，鳄鱼的消费数量猛增。广东是鳄鱼消费的主要地区，据保守的估计，近几年每年至少有10万条鳄鱼被人们吃掉。

这是一个惊人的数字！如此多的鳄鱼从哪里来？

鳄鱼作为受国际保护的濒危野生动物，它的进出口贸易、养殖和经营受到严格控制。按照国家的有关规定，鳄鱼养殖基地从国外引进的种鳄不能直接加以商业利用，必须成功繁育出后代后，才能对其子二代鳄鱼进行商业经营。

据2009年初的一项调查，广东市场上销售的鳄鱼除一部分是国内养殖的，有70%以上是走私来的。走私的鳄鱼主要是尼罗鳄和泰国鳄，这些鳄鱼在越南养殖后，通过中越边境走私运往广西，再由广西运至广东上市销售。

医学专家和营养专家表示，鳄鱼肉虽然可以食用，但并不像商家宣传的那样对咳嗽、哮喘有奇效，而且不提倡食用。

国家有关部门的检查显示，走私鳄鱼往往带有大量的寄生虫。人一旦食用，后果十分严重。特别是市场上一些散卖的鳄鱼肉，多是病死的鳄鱼，对人体的危害更为严重。

在巨大的商业利益面前，鳄鱼的开发利用仍对其保护构成威胁。同时，人们对吃鳄鱼的所谓药用及进补功效不加辨识，盲目追捧，也给自身带来极大的健康隐患。

第三章
漠视？那些即将离开我们的植物们

 **一、濒临灭绝的
蕨类植物**

很多植物和动物一样已经岌岌可危了，下面我们先举出一小部分濒临灭绝的蕨类植物来进行了解。

（一）光叶蕨

光叶蕨的现状是濒危种。本种1963年采自四川天全二郎山团牛坪，1984年再度前往该地时，发现由于森林采伐，生态环境完全改变，该种仅极少数存于灌丛下，陷于灭绝境地。

濒临等级：一级

形态特征

多年生草本，高40厘米左右，根状茎粗短，横卧，仅先端及叶柄基部略被一、二枚深棕色披针形小鳞片叶密生，叶柄短，长5～7厘米，基部有褐棕形小鳞片，叶密生，叶柄短，长5～7厘米，基部呈褐棕色，光滑，上面有一条纵沟达叶轴；叶片长30～35厘米，宽5～8厘米，披针形，向两端渐变狭，二回羽裂；羽片30对左右，近对生，平展，无柄，下部多对向下逐渐缩短，基部一对最小，长6～12柄，三角状，钝头；中部羽片长2.5～4厘米，宽8～10毫米，披针形，渐尖头，基部不对称，上侧较下侧为宽，截形，与叶并行，下侧楔形，羽状深裂达羽轴两侧的狭翅；裂片10对左右，长圆形，钝头，顶缘有疏圆齿，或两侧略反卷而为全缘；叶脉在裂片上羽状，3～5对，上先出，斜向；叶坚纸质，干时褐绿色，光滑。孢子囊群圆形，仅生于裂片基部的上侧小脉，每裂片1枚，沿羽两侧各1行，靠近羽轴，通常羽轴下侧下部的裂片不育；囊群盖扁圆形，灰绿色，薄膜质，半下位，老明消失；孢子卵为圆形，不透明，表面被刺状纹饰。

光叶蕨

地理分布

生长于四川天全二郎山鸳鸯岩至团牛坪，海拔约2450米。

生长特性

分布地区位于四川盆地西缘山地，地处"华西雨屋"的中心地带。气候特点是：终年潮湿多雾，雨水多，日照少。年平均气温6℃～8℃，极端最高气温28℃，极端最低气温－16℃；年降雨量1800～2000毫米；相对湿度85%～90%；全年雾日达280天以上；日照时数不足1000小时。土壤为石灰岩、砂岩、页岩发育的山地黄壤及山地黄棕壤，pH值4.5～5.5。光叶蕨生于阴坡林下，主要植被类型为亚热带山地常绿与落叶阔叶混交林，群落树种为包槲柯、扁刺锥、珙桐、香桦、糙皮桦、水青树、连香树、疏花械、川滇长尾械等。晚春发叶，7～8月形成孢子囊，9月成熟。

（二）玉龙蕨

主要生长在高山冻荒漠带，常见于冰川边缘或雪线附近，在碎石和隙间零星散生。暖季（7～8月）地表解冻后可在短期内迅速生长。

玉龙蕨为中国特产品种，有重要的研究价值。

玉龙蕨

玉龙蕨分布于四川（木里、稻城）、云南（丽江、中甸）、西藏（波密）。

濒危等级：一级

生存现状

玉龙蕨属我国特有物种。产自西藏、云南及四川三省区毗邻的高山上，常生于冰川边缘及雪线附近，零星分布。

形态特征

玉龙蕨是多年生草本，高10～30厘米；根状茎短而直立或斜生，连同叶柄和叶轴密被覆瓦状鳞片；鳞片大，卵状披针形，棕色或老时苍白色，边缘具细锯齿状睫毛。叶片线状披针形，具短柄，一回羽状或二回羽裂；羽片卵状三角形或三角状披针形，钝头，基部圆截形，几无柄，边缘常向下反卷，两面密被小鳞片，鳞片披针形，长渐尖头，边缘具细齿状长睫毛。孢子囊群圆形，在主脉两侧各排成一行；无盖。

玉龙蕨主要分布于西藏东北波密，云南西北部丽江、甸及四川西南部木里、稻城，海拔4000～4500米的高山地带。

生长特性

本种主要分布在高山冻荒漠带，由于强烈的寒冻和物理风化作用，地形多为裸岩，峭壁和碎石构成流石滩，即高山冰川边缘的地段。高山热量不足，辐射强烈，风力强劲，昼夜温差大，气候严寒恶劣。流石滩常处在冰雪覆盖和冰冻状态，仅有短暂的暖季（7～8月），当地表解冻消融后，在碎石和隙间零星散生的玉龙蕨才苗壮成长。

（三）对开蕨

对开蕨是我国新记录植物种，本种的发现填补了对开蕨属在我国地理分布上的空白，具有一定的研究价值。其叶形奇特，颇为耐寒，雪中亦绿叶葱葱，是珍贵的观赏植物。

濒危等级：二级

生存现状

短叶黄杉属稀有种。仅产于吉林省长白山南麓和西侧的局部地区，且分布星散，如不加以保护，将有灭绝的危险。

形态特征

多年生草本；根状茎粗短，横卧或斜生。叶近生；叶柄长10～20厘米，粗2～3毫米，棕禾秆色，连同叶轴疏被鳞片，鳞片淡棕色，长8～11毫米，宽约1毫米，线状披针形，全缘；叶片长15～45厘米，宽3.5～5厘米，阔披针形或线状披针形，先端短渐尖，基部略变狭，深心形两侧圆耳状下垂，中肋明显，上面略下凹，下面隆起，与叶柄同色，侧脉不明显，二回二叉，从中肋向两侧平展，顶端有膨大的水囊，不达叶缘；鲜叶稍呈肉质，干后薄纸质，上面绿色，光滑，下面淡黄绿色，疏生淡棕色小鳞片。孢子囊群成对地生于每两组侧脉的相邻小脉的一侧，通常仅分布于叶片中部，叶片下部不育；囊群盖线形，膜质，淡棕色，全缘，两端略弯向叶肉，并和相邻的一条靠合，成对地相向开口，形如长梭状；孢子圆肾形，表面具小刺状纹饰。

对开蕨

地理分布

对开蕨分布于我国吉林省长白朝鲜族自治县、集安、抚松及桦甸等地。生于海拔700～750米的阔叶林中。苏联、朝鲜、日本也有分布。

生长特性

对开蕨分布区的气候温凉、潮湿，年平均气温6.2℃，年降水量946毫米。土壤呈酸性反应，暗棕色森林土。生于山地落叶阔叶林下的腐殖质层中，具有喜阴、喜湿等特点。

（四）荷叶铁线蕨

本变种是铁线蕨科最原始的类型，在亚洲大陆首次发现。

濒危等级：二级

生存现状

荷叶铁线蕨是濒危种，生于海拔约200米的湿润且没有荫蔽的岩面薄土层上、石缝或草丛中。仅发现于四川省万县和石柱县的局部地区，由于开辟公路及采挖作药用，现数量极少，仅残存于少数岩缝或岩面的薄土层上及杂草丛中，已陷入濒临灭绝的境地。

形态特征

荷叶铁线蕨植株高5～20厘米；根状茎短而直立，先端密被披针形鳞片和多细胞的细长柔毛。叶簇生；叶柄长3～14厘米，粗

荷叶铁线蕨

0.5~1.5毫米。深栗色,基部密根状茎上相同的鳞片和柔毛,干后易被擦落;叶片圆肾形,直径2~6厘米,叶柄着生处有一深缺,但无垂耳,叶片上面以叶柄着生处为中心,形成1~3个环纹,叶片的边缘有圆钝齿,长孢子的叶片边缘反卷成假囊群盖而齿不明显,绝质或坚纸质,上面深绿色,光滑,下面色较淡,疏被棕色多细胞的长柔毛,天然干枯后呈褐棕色或灰绿色。孢子囊群长圆形或短线形,囊群盖同形,全缘,彼此接近或偶有间隔。

地理分布

荷叶铁线蕨产于四川万县武陵区,新张、小沱区、杉树坪和石柱县局部地区有分布,海拔约205米。

生长特性

荷叶铁线蕨生于温暖、湿润和没有荫蔽的岩面薄土层上、石缝或草丛中。喜中性略偏碱性的基质土。早春发叶,7月后形成孢子囊群,8~9月孢子陆续成熟。

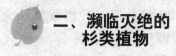

二、濒临灭绝的杉类植物

据濒危植物录,以及《中国植物红皮书》统计,仅中国受威胁的松杉类植物就有141种。这种威胁不只是针对植物,更是在威胁我们人类。

(一)百山祖冷杉

物种现状

百山祖冷杉系近年来在我国东部中亚热带首次发现的冷杉属植物,由于当地群众有烧垦的习惯,自然植被多被烧毁,分布范围狭窄,加以本种开花结实的周期长,天然更新能力弱,仅见于浙江南部庆元县百山祖,海拔1856.7米。现仅存5株,1988年被世界受危胁植物委员会评为濒危的12种植物之一,其中一株衰弱,一株生长不良。

濒危等级:二级

形态特征

常绿乔木,枝平展、轮生的枝条,高17米,胸径达80厘米;树皮灰黄色,不规则块状开裂;小枝对生,1年生枝,淡黄色或灰黄色,无毛或凹槽中有疏毛;冬芽卵圆形,有树脂,芽鳞淡黄褐色,宿存。叶呈螺旋状排列,在小枝上面辐射伸展或不规则两列,中央的叶较短,小枝下面的叶呈梳状,线形,长1~4.2厘米,宽2.5~3.5毫米,先端有凹下，下面有两条白色气孔带，树脂道2个，边生或近边生。雌雄同株，球花单生于去年生枝叶腋；雄球花下垂；雌球花直立，有多数螺旋状排列的球鳞与苞鳞，苞鳞大，每一珠鳞的腹面基部有2枚胚珠。球果直立，圆柱形，有短梗，长7～12厘米，直径3.5～4厘米，成熟时淡褐色或

百山祖冷杉

淡褐黄色；种鳞呈扇状四边形，长1.8～2.5厘米，宽2.5～3厘米；苞鳞窄，长1.6～2.3厘米，中部收缩，上部圆，宽7～8毫米，先端露出，反曲，具突起的短刺状；成熟后种鳞、苞鳞从宿存的中轴上脱落；种子倒三角形，长约1厘米，具宽阔的膜质种翅，种翅为倒三角形，长1.6～2.2厘米，宽9～12毫米。

生态和特性

百山祖冷杉产地位于东部亚热带高山地区，气候特点是温度低、湿度大、降水多、云雾重。年平均气温8℃～9℃，极端最低气温-15℃；年降水量达2300毫米，相对湿度92%，成土母质多为凝灰岩、流纹岩之风化物，土壤为黄棕壤，呈酸性，pH值4.5，有机质含量3.5%。自然植被为落叶阔叶林，伴生植物主要有亮叶水青冈，林下木为百山祖玉山竹和华赤竹。本种幼树极耐阴，但生长不良。大树枝条常向光面屈曲。结实周期4～5年，多数种子发育不良，5月开花，11月球果成熟。

(二)梵净山冷杉

物种现状

梵净山冷杉仅分布于贵州东北梵净山海拔2100～2300米的地带，是贵州唯一残存的冷杉属树种，对研究植物区系、古气候有科学意义。分布区域狭窄，种群数量稀少。

濒危等级：二级

形态特征

常绿乔木，高达22米，胸径

65厘米；大枝平展，1年生小枝红褐色，2～3年生小枝深褐色；冬芽卵球形。叶在小枝下面呈梳状，在上面密集，向外向上伸展，呈V形凹陷，中央的叶较短，线形，长1～4.3厘米，宽2～3毫米，先端凹缺，上面深绿色，有凹槽，无气孔线，下面有2条粉白色气孔带，树脂道2个，边生或近边生。

梵净山冷杉

球果呈圆柱状长圆形，直立，成熟时深褐色，长5～6厘米，直径约4厘米，具短梗；长约1.5厘米，宽1.8～2.2厘米，鳞背露出部分密生短毛；苞鳞长为种鳞的4/5，不露出或微露出，顶端微凹或平截，具长的刺状突尖，顶端边缘有不规则细齿；种子长卵圆形，微扁，长约8毫米，种翅倒楔形，褐色或灰褐色，连同种子长约1.5厘米。

生态特性

梵净山冷杉分布区的气候特点是夏凉冬冷，雨量充沛，云雾多，温度底，霜降频繁，冬季积雪。海拔2200米的山顶，年平均气温7.3℃，最热月平均气温16.2℃，最冷月平均气温-2.3℃，年降水量2600毫米，平均相对湿度92.5%。地形多为接近山脊的陡峻山坡，坡向北、北西或北东，坡度一般在50～60°。土壤为山地黄棕壤，较湿润肥沃，土层一般较薄，成土母质为板溪群板岩，表层有机质丰富，腐殖质层厚2～3厘米，有机质含量为17.17%～23.88%，pH值4.5～6.5。梵净山冷杉为阴性树种。耐阴性强，喜冷湿，一般多为纯林，也有混交，主要伴生植物有铁杉、扇叶槭、灯笼花、樱花等。本种叶芽开放迟，一般多在6月开始抽梢，7月顶芽出现，通常5～6月开花，球果10～11月成熟。高生长期较短，林中异龄性大，林层世代明显，结实年龄在林缘约50年，结实周期4～5年，果实出子率少，由于林下荫蔽度大，天然更新出苗不多，生长势差。

地理分布

冷杉属是北温带阴暗针叶林的建群种类，世界上共有50余种。20世纪80年代中期，中国在亚热带陆续发现冷杉属植物3种，是植物界的奇迹。其中贵州的梵净山冷杉，不但为残留的稀有种类，且构成一定小面积的冷杉林。是重大发现之一，也是迄今为止最后发现的一种冷杉及其形成的冷杉垂直带群落。梵净山冷杉林的发现对植物区系学、植物群落学、植被地理学、古生物学、古气候、冰川学等学科都有一定的科学意义。

生存现状

梵净山冷杉是濒危种。梵净山冷杉是我国贵州省特有植物，为冷杉属中稀有种类，目前仅在梵净山局部地区发现，由于数量稀少，且系第四纪残遗植物，因此必需加以很好的保护。

（三）元宝山冷杉

生存现状

元宝山冷杉是濒危种，是近来首次在广西境内发现的冷杉属植物之一，仅产于融水县元宝山。为古老的残遗植物，现存百余株，多为百龄以上的林木。由于结实周期较长（3～4年），松鼠为害和林下箭竹密布，天然更新不良，林中很少见到幼树。急需采取保护措施，以利物种的繁衍。

元宝山冷杉是广西特有物种，列入《中国植物红皮书》的珍稀濒危植物，种群数量不足900株。在元宝山自然保护区设置5块样地，应用相邻格子法进行调查获取野外资料，对元宝山冷杉种群进行统计，编制种群的特定时间生命表，绘制大小结构图和存活曲线，并进行种群动态谱分析；应用理论分布模型和聚集强度指数进行种群分布格局分析，结果表明：元宝山冷杉种群幼苗个体比例大，大个体级死亡率较高，个体胸径超过21厘米后，生命期望陡降。图谱分析表明，种群的动态过程存在周期性。由于种内和种间竞争的影响及林窗效应，种群结构有波动性变化过程，元宝山冷杉种群当前仍为稳定型种群，元宝山冷杉种群呈聚集分布，在不同发育阶段的分布格局有差异：幼苗，幼树阶段为集群分布；中龄阶段向随机分布发展；大树呈均匀分布，种群在不同发育阶段的空间分布格局差异与其生物学和生态学特性密切相关，同时受群落内小环境的影响。元宝山冷杉濒危的主要原因有分布范围小、天然更新能力差、幼苗死亡率高、受群落生境限制、动物活动的影响等。

濒危等级：二级

形态特征

元宝山冷杉是常绿乔木，高达25米，胸径60～80厘米；树干通直，树皮暗红褐色，不规则块状开裂；小枝黄褐色或淡褐色，无毛；

元宝山冷杉

冬芽圆锥形，褐红色，有树脂。叶在小枝下面呈两列，上面的叶密集，向外向上伸展，中央的叶较短，长1～2.7厘米，宽1.8～2.5毫米，先端钝有凹缺，上面绿色、中脉凹下，下面有两条粉白色气孔带，横切面有两个边生树脂道；幼树的叶长3～3.8厘米，先端通常二裂。球果直立，短圆柱形，长8～9厘米，直径4.5～5厘米，成熟时淡褐黄色；种鳞呈扇状四边形，长约2厘米，宽2.2厘米，鳞背密生灰白色短毛；苞鳞长约种鳞的4/5，微外露，中部较宽，约9毫米，先端有刺尖；种子为倒三角状椭圆形，长约1厘米，种翅倒三角形，淡黑褐色，长约为种子的1倍，宽9～11毫米。

生态特性

元宝山冷杉分布于中亚热带中山上部，生于以落叶阔叶树为主的针阔叶混交林中。产区夏凉冬冷，年平均气温12℃～15℃，极端最低气温−12℃，年平均降水量2400毫米，雾多，湿度大。土壤主要为由花岗岩发育成的酸性黄棕壤，pH值4.0～5.0，表土层为枯枝落叶所覆盖的黑色腐殖质土。幼苗耐荫蔽，成长后喜光，耐寒冷。生长较慢，一般每隔3～4年结果一次。5月开花，10月果熟。

其主要伴生树种为南方铁杉、南方红豆杉、粗榧、短叶罗汉松包櫟柯、水青冈等，林下多生长茂密的长尾筱竹。

（四）资源冷杉

生存现状

资源冷杉是濒危种，是近年来在广西东北部，湖南西南部局部山区发现的冷杉属植物，散生于针阔混交林内。由于植株较少，又多属老龄林木，结实间隔期长，林内箭竹密生，天然更新不良，若不采取保护措施。有可能被阔叶树种所更替。

濒危等级：二级

濒危原因

资源冷杉是我国特有的珍稀濒危植物，局限分布在广西的银竹老山和湖南新宁的舜皇山。对银竹老山资源冷杉种群衰退状况的研究结果表明，导致资源冷杉种群退化的

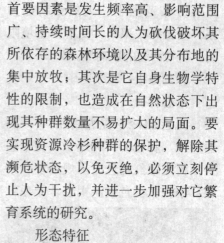

首要因素是发生频率高、影响范围广、持续时间长的人为砍伐破坏其所依存的森林环境以及其分布地的集中放牧；其次是它自身生物学特性的限制，也造成在自然状态下出现其种群数量不易扩大的局面。要实现资源冷杉种群的保护，解除其濒危状态，以免灭绝，必须立刻停止人为干扰，并进一步加强对它繁育系统的研究。

形态特征

常绿乔木，高20～25米，胸径40～90厘米；树皮灰白色，片状开裂；1年生枝淡褐黄色，老枝灰黑色；冬芽圆锥形或锥状卵圆形，有树脂，芽鳞淡褐黄色。叶在小枝上面向外向上伸展或小规则两列，下面的叶呈梳状，线形，长2～4.8厘米，宽3～3.5毫米，先端有凹缺，上面深绿色，下面有两条粉白色气孔圆带，树脂道边生。球果为椭圆状圆柱形，长10～11厘米，直径4.2～4.5厘米，成熟时暗绿褐色；种鳞呈扇状四边形，长2.3～2.5厘米，宽3～3.3厘米；苞鳞稍较种鳞为短，长2.1～2.3厘米，中部较窄缩，上部圆形，宽9～10毫米，先端露出，反曲，有

资源冷杉

突起的短刺尖；种子倒三角状椭圆形，长约1厘米，淡褐色，种翅倒三角形，长2.1～2.3厘米，淡紫黑灰色。

生态特征

资源冷杉分布区地处中亚热带中山上部，气候夏冷冬寒，雨量充沛，雪期及冰冻期较长，终年多云雾，日照少。年平均气温8℃～12℃，极端最低气温-5℃，较强寒潮年份可出现-13℃的低温，年降水量1800～2400毫米，相对湿度85%～90%。成土母岩多为花岗岩与砂页岩，土壤为酸性黄棕壤，pH值4.5～5.0，林内有大量的枯枝落叶。

资源冷杉散生于针、阔混交林中，树冠高耸于阔叶林层之上，主要树种有南方铁杉、亮叶水青冈、多脉青冈、华南桦、交让木、银木荷、吴茱萸五加等。林下多生长茂密的南岭箭竹，在竹类或灌木较少的林地上天然更新良好，幼树耐阴，大树需要一定的光照。

花期4～5月，球果10月成熟。结实有间隔期。

（五）银杉

银杉是中国特有的世界珍稀植物种，和水杉、银杏一起被誉为植物界的"国宝"，国家一级保护植物。

分布于广西北部龙胜县花坪及东部金秀县大瑶山，湖南东南部资兴、桂东、雷县及西南部城步县罗汉洞，重庆金佛山、柏枝山、箐竹山与武隆县白马山，贵州道真县大沙河与桐梓县白芷山。生于海拔940～1870米地带的局部山区。

生长历史

远在地质时期的新生代第三纪时，银杉曾广泛分布于北半球的欧亚大陆，在德国、波兰、法国及苏联曾发现过它的化石，但是，距今200万～300万年前，地球覆盖着大量冰川，几乎席卷整个欧洲和北美，但欧亚的大陆冰川势力并不大，有些地理环境独特的地区，没有受到冰川的袭击，而成为某些生物的避风港。银杉、水杉和银杏等珍稀植物就这样被保存了下来，成为历史的见证者。银杉在我国首次被发现的时候，和水杉一样，也曾引起世界植物界的巨大轰动。那是1955年夏季，我国的植物学家钟济新带领一支考察队到广西桂林附近的龙胜花坪林区进行考察，发现了一株外形很像油杉的苗木，后来又采到了完整的树木标本，他将这批珍贵的标本寄给了陈焕镛教授和匡可任教授，经他们鉴定，认为就是地球上早已灭绝的，现在只保留着化石的珍稀植物——银杉。20世纪50年代发现的银杉数量不多，且面积很小，自1979年以后，在湖南、四川和贵州等地又发现了几处，共1000余株。

银杉是松科的常绿乔木，主干高大通直，挺拔秀丽，枝叶茂密，尤其是在其碧绿的线形叶背面有两条银白色的气孔带，每当微风吹拂，便银光闪闪，更加诱人，银杉的美称便由此而来！

濒危现状

松科银杉是21世纪50年代在我国发现的松科单型属植物，间断分布于大娄山东段和越城岭支脉。最初仅见于广西龙胜县花坪和四川南川县金佛山。近年，不但在上述两地找到了新分布点，而且还在其毗邻的山区发现了银杉。迄今，已知银杉分布在广西、湖南、四川、贵州四省（区）、县的三十多个分布点上，除金佛山老梯子分布较多外，其他分布点上，最多达几十

株，最少仅存一株。由于银杉生于交通不便的中山山脊和帽状石山的顶部，故未遭到过多的人为破坏。银杉生长发育要求一定的光照，在荫蔽的林下，会导致幼苗、幼树的死亡和影响林木的生长发育，若不采取保护措施，将会被生长较快的阔叶树种更替而陷入灭绝的危险。

濒危等级：一级

形态特征

银杉属裸子植物，松科，是国家一级保护植物。别名衫公子，是一种高十至二十几米的常绿乔木。它是我国特有的属于第三纪残遗下

银杉

来的珍稀植物。

常绿乔木，有开展的枝条，高达24米，胸径通常达40厘米，稀达85厘米；树干通直，树皮暗灰色，裂成不规则的薄片；小枝上端和侧枝生长缓慢，浅黄褐色，无毛，或初被短毛，后变无毛，具微隆起的叶枕；芽无树脂，芽鳞脱落。叶呈螺旋状排列，辐射状散生，在小枝上端和侧枝上排列较密，线形，微曲或直通常长4～6厘米，宽2.5～3毫米，先端圆或钝尖，基部渐窄成不明显的叶柄，上面中脉凹陷，深绿色，无毛或有短毛，下面沿中脉两侧有明显的白色气孔带，边缘微反卷，横切面上有2个边生树脂道；幼叶边缘具睫毛。雌雄同株，雄球花通常单生于2年生枝叶腋；雌球花单生于当年生枝叶腋。球果2年成熟，卵圆形，长3～5厘米，直径1.5～3厘米，熟时淡褐色或栗褐色；种鳞13～16枚，木质，蚌壳状，近圆形，背面有短毛，腹面基部着生2粒种子，宿存；苞鳞小，卵状三角形，有长尖，不露出；种子倒卵圆形，长5～6毫米，暗橄榄绿色，具不规则的斑点，种翅长10～15毫米。

生态特征

银杉分布区位于中亚热带，生于中山地带的局部山区。产地气候夏凉冬冷、雨量多、湿度大，多云雾，土壤为石灰岩、页岩、砂岩发育而成的黄壤或黄棕壤，呈微酸性。阳性树种，根系发达，多生于土壤浅薄、岩石裸露地带，宽通常仅2～3米、两侧为60°～70°度陡坡的狭窄山脊，或孤立的帽状石山的顶部或悬岩、绝壁隙缝间。具有喜光、喜雾、耐寒、耐旱、耐土壤瘠薄和抗风等特性。

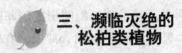

三、濒临灭绝的松柏类植物

（一）巧家五针松

地理分布

巧家五针松的分布区域仅限于云南东北部巧家县白鹤滩镇与中寨乡交界的山脊两侧，范围约5平方千米，生长在深切割中山上部。

巧家五针松生境分布区处于金沙江干热河谷山体上部，介于温暖性针叶林与温凉性阔叶林天然分布过渡地段，土壤为红壤或黄红壤，pH值6.0～6.5。

濒危等级：一级

形态特征

常绿乔木，老树树皮暗褐色，呈不规则薄片剥落，内皮暗白色；冬芽卵球形，红褐色；当年生枝红褐色，密被黄褐色及灰褐色柔毛，稀混生腺体，2年生枝无毛。针叶5(4)针1束，长9~17厘米，纤细，两面具气孔线，边缘有细齿，断面三角形，树脂道3~5，边生，叶鞘早落。成熟球果圆柱状椭圆形，长约9厘米，径约6厘米；种鳞长圆状椭圆形，熟时张开，鳞盾显著隆起，鳞脐被生。凹陷，无刺，横脊明显。种子为长椭圆形或倒卵圆形，黑色，种翅长约1.6厘米，有黑色纵纹。

巧家五针松

生存现状

巧家五针松于1992年才被发现，是国家一级保护濒危植物，因全世界仅在巧家有分布而得名。2004年还有报道指出有34株存活，而目前其野生种群总数仅剩下31株，是全世界个体数量最少的物种，被誉为"植物界的大熊猫"。它分布于昭通市巧家县境内的药山自然保护区，仅限于新华镇杨家湾办事处与中寨乡付山村交界的山脊两侧，其天然更新力极差。

（二）长白松

长白松又名"美人松"，分为松科，松属，为欧洲赤松的地理变种。

仅零散分布于长白山北坡，由于未严加保护，在上道白河沿岸散生的小片纯林，逐年遭到破坏，分布区日益缩小。

濒危等级：一级

形态特征

常绿乔木，高25~32米，胸径25~100厘米；下部树皮淡黄褐色至暗灰褐色，裂成不规则鳞片，中上部树皮淡褐黄色到金黄色，裂成薄鳞片状脱落；冬芽卵圆形，有树脂，芽鳞红褐色；1年生枝浅褐绿色或淡黄褐色，无毛，3年生枝灰褐色、针叶2针一束，较粗硬，稍扭曲，微扁，长4～9厘米，宽1～1.2(～2)毫米，边缘有细锯齿，两面有气孔线，树脂道4～8个，边缘有细锯齿，两面有气孔线。雌球花暗紫红色，幼果淡褐色，有梗，下垂。球果锥状卵圆形，长4～5厘米，直径3～4.5厘米，成熟时淡褐灰色；鳞盾多隆起，鳞脐突起，具短刺；种子呈长卵圆形或倒卵圆形，微扁，灰褐色至灰黑色，种翅有关节，长1.5～2厘米。

长白松

地理分布

长白松天然分布区很狭窄，只见于吉林省安图县长白山北坡，海拔700～1600米的二道白河与三道白河沿岸的狭长地段，尚存小片纯林及散生林木。

生态特性

长白松分布区的气候温凉，湿度大，积雪时间长。年平均气温4.4℃，1月份平均气温−15℃～−18℃，7月份平均气温22℃以上，极端最高气温37.5℃，极端最低气温−40℃；年降水量600～1340毫米，相对湿度70%以上，无霜期90～100天。土壤为发育在火山灰土上的山地暗棕色森林土及山地棕色针叶森林土，二氧化硅粉末含量大，腐殖质含量少，保水性能低而透水性能强，pH值4.7～6.2。

长白松为阳性树种，根系深长，可耐一定干旱，在海拔较低的地带常组成小块纯林，在海拔1300米以上常与红松、红皮云杉、长白鱼鳞云杉、臭冷杉、黄花落叶松等树种组成混交林。花期5月下旬～6月上旬，球果翌年8月中旬成熟，结实间隔期3～5年。

（三）水松

生存现状

水松属在第三纪，不仅种类多，而且广泛分布于北半球，到第四纪冰期以后，欧洲、北美东亚及我国东北等地均已灭绝，仅残留水松一种，分布于我国南部和东南部局部地区。因主产区地处人口稠密、交通方便的珠江三角洲及闽江下游，破坏严重，现存植株多系零散生长。

目前，在福建省宁德市屏南县的岭下乡上楼村附近的一片高山湿地之中，系目前世界唯一成林成片的水松72株，株株枝干挺拔，胸径在60～80厘米，水松是冰川世纪孑遗植物，国家一级珍贵树种，国内外有许多专家前往考察，将水松林誉为"植物活化石群"，是目前世界上已发现的最大的成片水松林。

水松

濒危等级：一级

形态特征

半常绿性乔木，高达25米，胸径60～120厘米；树皮褐色或灰褐色，裂成不规则条片。内皮淡红褐色；枝稀疏，平展，上部枝斜伸。叶向下生长，鳞形、线状钻形及线形，常二者生于同一枝上；在宿存枝上的叶甚小，鳞形，长2～3毫米，螺旋状排列，紧贴或先端稍分离；在脱落枝上的叶较长，长9～20(～30)毫米，线状钻形或线形，开展或斜展成二列或三列，有棱或两侧扁平。雌雄同株，球花单生枝顶；雄球花有15～20枚螺旋状排列的雄蕊，雄蕊通常有5～7枚花药；雌球花卵球形，有15枚～20枚具2胚珠的珠鳞，托以较大的苞鳞。球果倒卵圆形，长2～2.5厘米，直径1.3～1.5厘米，直立；种鳞小质，与苞鳞近结合而生，扁平，倒卵形，背面接近上部边缘有6～9个微反曲的三角状尖齿，近中部有1反曲的尖头；种子下部有膜质长翅。

生长特性

分布区位于中亚热带东部和北热带东部，气候温暖湿润，水最充沛。水松耐水湿，为阳性树种，除盐碱地外在各种土壤上均能生长。幼苗时期主根发达，10多年后主根停止生长，侧根发达，生于水边或沼泽地的树干基部膨大呈柱槽状，并有露出土面或水面的屈膝状呼吸根。种子在天然状态下不易萌发。幼苗或幼树期间需要较充足的阳光和肥沃、湿润的土壤。花期2～3月，球果9～10月成熟。

四、濒临灭绝的木兰类植物

（一）长蕊木兰

长蕊木兰属于兰科，属双子叶植物。

濒危等级：一级

形态特征

常绿乔木，高可达30米，直径可达60厘米；先端较尖或尾状渐尖，基部圆形，上面有光泽，侧脉12～15对，末端纤细，与致密的网脉交错而不明显，中脉在背面被长柔毛或无毛；叶柄长1.5～2厘米，无托叶痕。花纯白色，芳香；花被片9～11，外轮换片长圆形，浅绿色，长5.5～6厘米，宽2～2.5厘米，内两轮倒卵状椭圆形，雄蕊约40枚，长约4厘米，花药长约2.8厘米，内向开裂；雌蕊群圆柱形，长约2厘米，宽约4毫米，雌蕊群柄长约1厘米。聚合果长3.5～8厘米，内向开裂；雌蕊群圆柱形，长约2厘米，宽约4毫米，雌蕊群柄长约1厘米，扁圆形，直径8～9毫米，有白色皮孔。

长蕊木兰

分布与习性

长蕊木兰零星分布于云南东南部广南、西畴、金平、屏边、义山、西北部福质、贡山，西部和西南部景东、澜沧、永平、景洪等县海拔1200～2400米处，及西藏墨脱海拔2400米的山地常绿阔叶林中。锡金、不丹、缅甸北部、印度东北部及越南北部也有分布。

在我国，分布区位于西部偏干性的热带季雨林，雨林地带及南亚热带季风绿阔叶温凉湿润以至潮湿，年平均气温15℃～17℃。极端最低气温可达−3℃或更低，极端最高气温17℃，极端最低气温的降水量2000毫米，旱季多雾；年平均相对湿度在80%以上。偏阳性，生于山地上部东南坡或山脊上，为原幼树喜光性逐渐增强，需要在全光照下生长。土壤为酸性，pH值3.8～4.3之间，枯枝落叶层厚达10～20厘米，有机质含量丰富，高达20%以上。常与壳斗科、山茶科、樟科、杜鹃花及木兰其他种类等滋交成林。常见于瓦山锥、构丝锥林中，林内潮湿阴暗，附生苔藓特别发达。自然更新能力差，幼树、幼苗极少。花期5月，果期9～10月。

（二）落叶木莲

濒危等级：一级

形态特征

落叶木莲是落叶乔木，高30米，树干端直，树冠宽卵形；胸径60厘米，为我国特有的古老珍稀濒危植物。树干通直，枝条开展，花瓣15～16片，花为淡黄色。春夏之交开花，花大型，淡黄白色，状若睡莲，且清香沁人，近于幽兰；金秋硕果累累，聚合果红棕色，开裂时露出颗颗鲜红种子，点缀于绿色树冠，是花果兼美、不可多得的庭园观赏树种。

生态特性

该树适于秦岭以南的亚热带地区生长；喜肥沃、湿润的土地，幼年不耐干旱、贫瘠、稍耐阴；早期树高可达100厘米，为前期速生型树种。落叶木莲在宜春本地分布，海拔高度为580～1200米，经宜春地区林科所（海拔107米）多年引种栽培，生长良好，年平均增高可达1米以上，据试验表明，其为前期速生型树种。该树种适应在秦岭以南的整个亚热带地区栽植，土壤要求较为深厚、肥沃的微酸性土壤。

落叶木莲

（三）华盖木

华盖木分布于我国云南、文山州（西畴、马关）、红河州（金平）。

生存现状

华盖木属稀有种。华盖木目前仅见于云南。因历年砍伐利用，现仅存6株大树。由于其花芳香，开放时常被昆虫咬食雌蕊群，故成熟种子甚少，即使种子成熟，亦由于外种皮含油量高，不易发芽，而影响天然更新。若产地森林继续破坏，或残存植株被砍伐，就有灭绝的危险。

濒危等级：一级

形态特征

华盖木是常绿大乔木，高可达40米，胸径达1.2米，全株各部无毛；树皮灰白色；当年生枝绿色。叶革质，长圆状倒卵形或长圆状椭圆形，长15～26(～30)厘米，宽5～8(～9.5)厘米，先端急尖，尖头钝，基部楔形，上面深绿色，侧脉13～16对；叶柄长1.5～2厘米，无托叶痕。花芳香，花被片肉质，

9～11片，外轮3片长圆形，外面深红色，内面白色，长8～10厘米，内2轮白色，渐狭小，基部具爪；雄蕊约65枚，花药内向纵裂；雌蕊群长卵圆形，有短柄，心皮13～16枚，每心皮具胚珠3～5枚。聚合果倒卵圆形或椭圆形，长5～8.5厘米，直径3.5～6.5厘米，具稀疏皮孔；长圆状椭圆形或长圆状倒卵圆形，长2.5～5厘米，顶端浅裂；种子每蓇葖内1～3粒，外种皮红色。

生长特性

华盖木生长于山坡上部、向

华盖木

阳的沟谷、潮湿山地上的南亚热带季风常绿阔叶林中。产地夏季温暖，冬无严寒，四季不明显，干湿季分明，年平均气温16℃～18℃，年降雨量1200～1800毫米，年平均相对湿度在75%以上，最高达90%左右，雾期长。土壤为由砂岩和砂页岩发育而成的山地黄壤或黄棕壤，呈酸性反应，pH值4.8～5.7。地被物和枯枝落叶腐殖质层厚达10～20厘米，有机质可达20%以上。华盖木为上层乔木，树冠宽广，根系发达，有板根。

常与大叶木莲、云南拟单性木莲、灯台树、伯乐树、酸枣、假吴茱萸叶五加、马蹄荷、檫木等混生成林。华盖木开花结果较少，每隔1～2年开花一次，花枝不多，结实率亦低。花期4月下旬，果期9～11月。

（四）峨眉拟单性木兰

形态特征

峨眉拟单性木兰是常绿乔木，高达25米，胸径40厘米；树皮深灰色。叶革质，椭圆形、狭椭圆形或倒卵状椭圆形，长8～12厘米，宽2.5～4.5厘米，先端短渐尖而尖头钝，基部楔形或狭楔形，上面深绿色，有光泽，下面淡灰绿色，有腺点，侧脉每边8条～10条，叶柄长1.5～2厘米。花雄花两性花异株；雄花：花被片12，外轮3片浅黄色

峨眉拟单性木兰

较薄，长圆形，先端圆或钝圆，长3～3.8厘米，宽1～1.4厘米，内三轮较狭小，乳白色，肉质，倒卵状匙形，雄蕊约30枚，长2～2.2厘米。花药长1～1.2厘米，花丝长2～4毫米，由药隔顶端伸出呈钝尖状，药隔及花丝深红色，花托顶端短钝尖；两性花，花瓣片与雄花同，雄蕊16～18枚；雌蕊群椭圆体形，长约1厘米，有雌蕊8～12枚。聚合果倒卵圆形，长3～4厘米，种子倒卵圆形，径6～8毫米，外种皮红褐色。

花期5月，果期9月。

濒危等级：一级

峨眉拟单性木兰至今才找到两性花植株，因林木砍伐，植被破坏，在原产地所存植株极少，急待采取严格的保护措施和查找新的分布点。属于一级濒危灭绝植物。

地理分布

峨眉拟单性木兰分布于常绿阔叶林中。

五、濒危灭绝的龙脑香类植物

（一）狭叶坡垒

濒危等级：一级

形态特征

狭叶坡垒分布于广西（十万大山），现在是濒危种。狭叶坡垒为我国特有的珍贵用材树种，分布区极为狭窄。由于过度采伐，残存母树很少，亟待保护与种植。

狭叶坡垒是常绿乔木，高达25米，胸径75厘米；树皮灰褐色或灰黑色，呈块状剥落。叶近革质，长圆形或长圆状披针形，长5~5厘米，宽2.5~5厘米，基部圆形，全缘，侧脉6~10对；叶柄长1~1.2厘米。圆锥花序腋生或顶生，长10~20厘米；萼片呈覆瓦状排列；花瓣5，淡红色，长约2厘米；雄蕊15，排成2轮，药隔的附属物伸长呈丝状；子房3室，每室2胚珠。坚果卵圆形，长约1.8厘米，基部具5枚宿存萼片，其中2枚增大呈翅状，革质，线状长圆形，长约9.5厘米，其余2枚萼片卵形，长约9毫米。

生长特性

狭叶坡垒分布于山谷、沟边

狭叶坡垒

和山坡下部的季节性雨林中。分布区的气候特点是夏热冬暖，高温多雨。年平均温约22℃，最冷月平均气温14℃，最热月平均气温约28℃，月平均温高于22℃的有7个月，夏季很长，年降水量约2700毫米，但此时山地多雾露；年平均相对湿度大于80%。

狭叶坡垒生于湿润肥沃的酸性土壤上。为耐阴偏阳的树种，幼苗、幼树期能耐荫蔽，随后逐渐喜光。常与梭子果、棋子豆、大花五桠果、壳菜果等组成季节性雨林。

（二）坡垒

坡垒现存是濒危种。坡垒是海南岛特有的热带雨林树种，多呈零散分布。近20年来，由于森林被大面积的砍伐，现存大树只有数百余株。目前，已被列为禁伐树种进行保护，并有小面积试种，生长良好。

濒危等级：一级

形态特征

常绿乔木，高25～30米，胸径60～85厘米；树皮黑褐色，浅纵裂；小枝和花序密生星状微

柔毛。叶革质，椭圆形或圆状椭圆形，长6.5～20.5厘米，宽4～11.5厘米，先端短渐尖，基部微圆形，侧脉9～14对，小脉平行；叶柄长1.2～1.9厘米，有皱纹。圆锥花序顶生或生于上部叶腋；花小，偏生于花序分枝的一侧，几无梗；萼片5，呈互字状排列；花瓣5；雄蕊15，排成2轮，花药卵状椭圆形，药隔顶端附属体丝状；子房近圆柱形，花柱基部膨大。坚果卵圆形，为增大宿萼的基部所包围，其中2枚萼片扩大成翅，倒披针形，长约7厘

坡垒

米，有纵脉7～9条。

生长特性

坡垒主要分布于山地的沟岭、溪旁和东南坡上。分布区的气候特点是热量高、雨量充沛，年平均气温23℃～26℃，最热月平均气温28℃，最冷月平均气温17℃，年降水量1600～2400毫米，5～10月降水量约占全年降水量的87%。土壤主要为在花岗岩母质上发育的山地砖红壤和赤红壤。坡垒要求炎热、静风、湿润以至潮湿的生境。常与青皮、野生荔枝、蝴蝶树

多毛坡垒

等多种树种组成热带雨林。坡垒较耐阴，林冠下天然更新良好，生长较慢，成年林木8～9月开花，翌年3～4月果熟。

（三）多毛坡垒

多毛坡垒的小枝、叶柄和下面均密被星状绒毛。

叶革质，长椭圆形或卵状长圆形，先端尖或短渐尖，基部圆，稍不对称。圆锥花序腋生，密被黄色绒毛或星状毛。花萼裂片5，均被黄色绒毛；花瓣5，不等大，粉红色；

雄蕊10～15，排成2轮，子房近卵形，花柱基部膨大，短小，柱头稍增大。坚果椭圆形，宿存花萼中2片增大成翅，翅具8～13条纵脉。生长于海拔800～1100米的热带雨林中。产于屏边县，属濒危种。

濒危等级：一级

形态特征

多毛坡垒是常绿乔木，高达35米，胸径约60厘米，有白色芳香树脂。花色栗褐色，花期8～9月，果期翌年4月。

习性与分布

仅产于云南屏边、河口、江城等县，生于山地林中。海拔上限800米。本种分布区位于热带北缘，主要生长在热带沟谷雨林，峡谷缝隙石缝中，生境终年潮湿。产地土壤

是砖红壤。

（四）望天树

比一比中国树木中的"巨人"，目前能摘取中国最高树木桂冠的，恐怕就只有高可达80米的望天树了。

望天树又名"擎天树"，是近年来发现的一个新树种，是1975年才由我国云南省林业考察队在西双版纳的森林中发现的。属于龙脑香科，柳安属。该属共11名成员，大多分布在东南亚一带，望天树是只有在我国云南才生长的特产珍稀树种。只分布在西双版纳的补蚌和广纳里新寨至景飘一带的20平方千米范围内。望天树的所在地，大部分为原始沟谷雨林及山地雨林。它们多成片生长，组成独立的群落，形成奇特的自然景观。生态学家们把它们视为热带雨林的标志树种。

望天树是我国的一级保护植物。一般高达60多米，胸径100厘米左右，最粗的可达300厘米。高耸挺拔的树干竖立于森林绿树丛中，比周围高30～40米的大树还要高出

20～30米，真是直通九霄，大有刺破青天的架势。花期为3～4月。

在西双版纳勐腊县补蚌自然保护区，有上百棵40～70多米高的望天树林区，当地政府架设了一条高20多米、长2.5千米的"空中走廊"，游人可以在上面观赏原始森林的美景和野生动物。

如果说望天树只是长得高，那当然不见得有那么珍贵，当然也无指望被列为国家一级保护植物了。

望天树

它的名贵还在于它是龙脑香科植物，是热带雨林中的一个优势科。在东南亚，这个科的植物是热带雨林的代表树种之一，是热带雨林的重要标志之一。过去某些外国学者曾断言"中国十分缺乏龙脑香科植物""中国没有热带雨林"。然而，望天树的发现，不仅使得这些结论被彻底推翻，而且还证实了中国存在真正意义上的热带雨林。

望天树树体高大，干形圆满通直，不分杈，树冠像一把巨大的伞，而树干则像伞把似的，西双版纳的傣族因此把它称为"埋干仲"（伞把树）。同龙脑香科的其他乔木一样，望天树以材质优良和单株积材率高而著名于世界木材市场。据资料记载，一棵60米左右的望天树，主干木材可达10立方米以上。其材质较重，结构均匀，纹理通直而不易变形，加工性能良好，适合于制材工业和机械加工以及较大规格的木材用途，是一种优良的工业用材树种。

濒危等级：二级

分布现状

产于云南南部、东南部（勐腊、马关、河口）及广西西南部局部地区，其分布面积约20平方千米，海拔下限350米，海拔上限1100米。

形态特征

常绿大乔木，高40～50(～80)米，胸径达1.5～3米，树干通直，枝下高多在30米以上，大树有板根；树皮褐色或深褐色，上部纵裂，下部呈块状或不规则剥落；1～2年生枝密，被鳞片状毛和细毛。裸芽，为一对托叶包藏。叶互生，革质，椭圆形、卵状椭圆形或披针状椭圆形，长2～6厘米，宽3～8厘米，先端急尖或渐尖，基部形或宽楔形，侧脉14～19对，近平行，下面脉序突起，被鳞片状毛和细毛。花序腋生和顶生，穗状、总状呈圆锥状，顶生花序长5～12厘米，分枝，腋生花序长1.9～5.2厘米，分枝或不分枝；花萼5裂，内外均被毛；花瓣5，黄白色，具10～14条细纵纹；雄蕊12～15，两轮排列；子房3室，每室有胚珠2，柱头微3裂。坚果呈卵状椭圆形，长2.2～2.8厘米，直径1.1～1.5厘米，密被白色绢毛，先端急尖或渐尖，3裂；宿萼裂片增大而成3长2短的果翅，倒披针形或椭圆状披针形，长翅长6～9厘米，短翅长3.5～5厘米，有5～7条平行纵脉和细密的横脉与网脉，是一种高大的裸子植物。

生长特性

望天树分布在热带季风气候区向南开口的河谷地区及两侧的坡地上。全年高温、高湿、静风、无霜，终年温暖、湿润，干湿季交替明显，年平均气温20.6℃～22.5℃，最冷月平均气温12℃，最热月平均气温28℃以上；年降水量1200～1700毫米，降雨日约200天；相对湿度85%，雾日170天左右。土壤属于发育在紫色砂岩、砂页岩或石灰岩母质上的赤红壤、砂壤土及石灰土。在湿润沟谷、坡脚台地上，组成单优种的季节性雨林；在云南常见的伴生树种有干果榄仁、番龙眼；在广西主要伴生树种有蚬术、风吹楠、顶果树、广西械、任豆等。望天树于5～6月开花，8～10月为果熟期。落果现象比较严重，主要由于虫害所致。

六、全球植物濒危情况总括

《1996年IUCN濒危物种红色名录》是全球物种评估历史的一个转折点，它应用世界自然保护联盟（IUCN）1994年创建的新的量化标准，对所有鸟类和哺乳动物的保护状况都作出了评估，是第一个全球性的名录，结果比以前的更加综合和系统。

为了更好地编制全球物种红色名录，IUCN物种生存委员会组建了一个在世界各地运行的科学家及合作组织网络系统，通过对物种生物学和保护状况的了解，提供最全面的有关物种的科学知识库。从1998年起，物种生存委员会启动了IUCN红色名录项目，试图提供全球生物多样性衰退情况的索引，并确认和整理出急需保护的物种以采取措施减少全球的灭绝速率。

1998年4月28日，同时在伦敦、华盛顿、开普敦和堪培拉发布的第一份《IUCN濒危物种红色名录》揭示了每8种植物就有不止1种植物濒临灭绝。这份由世界保护监测中心（WCMC）编写，由IUCN出版的《1997年IUCN濒危物种红色名录》，是IUCN与世界许多科学家和重要植物学研究机构20年合作的成果。其中包括英国邱园及爱丁堡皇家植物园、美国大自然保护协会（TNC）、史密松研究院自然历史博物馆、纽约植物园、澳大利亚环境部、联邦科学工业研究组织生物多样性信息协会，以及南非国家植物

龙脑香树木

研究所等。IUCN集中了各地专家的评估，展示了植物物种多样性的现状：

第一，已知的约27万种高等植物中，有12.5%，即3.3798万种被认为濒临灭绝。这些植物归属于369个科，分布于世界200个国家或地区。

第二，在红色名录收入的植物种类中，91%的物种仅分布于一个国家，局限的地理分布会导致物种更为脆弱，并且可能减少其接受保护的机会。

第三，大量已知具有药用价值的植物种类正濒临消失，使其尚未完全发挥治愈人类疾病的潜力。例如，红豆杉科植物75%的种都是重要的抗癌药物资源，但它们正受到灭绝的威胁。阿斯匹林提取于柳科植物，但该科植物12%的种受到威胁。

第四，分布于东南亚的龙脑香科植物，其中包括一些重要的用材树种，其32.5%的近亲种都受到威胁。

第五，随着一个个物种的消失，我们便失去了获得重要遗传材料的机会。这些遗传材料可能对生产供人类和动物消费的耐用消费品曾有过贡献。

第六，许多常见植物的近亲种濒临灭绝。例如，14%的蔷薇科植物、32%的百合科植物及32%的鸢尾科植物都受到灭绝的威胁。

植物迅速消失的原因各异，但生境的消失和外来种或非乡土种的引种是两个主要原因。红色名录揭示的现状，在全世界范围内敲起了警钟：生物财富最易受到灭绝的威胁，因为各个民族对其生物资源的认识和鉴赏远不如对其物质和文化资源的认识和鉴赏，所以，要保护全世界的植物种类，需要政府、科研院所、植物园及自然保护组织之间更多的合作。

《1997年IUCN濒危物种红色

名录》显示了每个国家的濒危植物种数及所占本国高等植物总数的百分比，其中，巴西2.4%，中国1.0%，德国0.5%。濒危植物种数越多说明这个国家的调查和评估工作做得就越彻底，而那些种数低的国家则可能表明还没有或没有充分对本国的高等植物进行调查和评估。值得注意的是，提供资料最全的3个国家：美国、澳大利亚和南非，它们的濒危物种在本国的高等植物中所占的百分比都很高，分别是29%、14.4%和11.5%。

在《1997年IUCN濒危物种红色名录》所列物种中，91%都是原产

已经灭绝的——中国白臀叶猴

于单一国家的特有种，这就是说这些特有种已知的种群仅限于一个单一的国家。这种高百分比濒危特有种，部分是由于植物分布区的局限性导致较大的生存威胁。岛屿或群

岛的特有种通常多，特有植物所面临的威胁程度也特别大。在所列含高百分比濒危植物的10个地区中有7个是岛屿：非洲的圣赫勒拿岛、毛里求斯、塞舌尔、留尼旺岛，南美的牙买加，大洋洲的法属波利尼西亚，太平洋的英属皮特凯恩岛。由于收集资料的途径不同所致，IUCN红色名录所列的许多种植物可能并非是单一国家的特有种。进一步的资料收集到后，特别是在南美、非洲及亚洲，可能会发现很多的跨界特有种。

全球的高等植物有511科。根据《1997年IUCN濒危物种红色名录》，其中有372个科含有全球性的濒危或已灭绝的种，大科含有更多的濒危物种。除了19个濒危单种科(一科仅一个种，还有20个科至少有50%的种都受到威胁，其中有8个科是裸子植物。裸子植物受到的威胁最突出：第一，它是较小的分类群；第二，

许多裸子植物广泛开发为用材树种和园林树种，野生种群受到严重的破坏；第三，裸子植物是一个古老的种群，难以适应迅速变化的周围环境。相比之下，蕨类植物受到威胁的程度就相对低一些，这可能是由于其孢子得到了有效的传播，也可能是因为我们对蕨类植物还没有进行充分的评估，对该群植物的现状还不甚清楚。

《1997年IUCN濒危物种红色名录》的出版标志着自然保护的一个里程碑。作为一个重要的自然保护工具，该书为评估自然保护进展提供了基础资料，其中包括所列物种的基本资料。《1997年IUCN濒危物种红色名录》揭示了380个种的野生种群已经灭绝，另外还有371个种介于灭绝/濒危状况。该书记录的只是已知的灭绝种类，肯定还有许多已经灭绝但我们还一无所知的植物种类。此外，至少还有6522种定为濒危种，若不加以保护，其中许多种不久肯定会列入灭绝种的行列。

第四章
你需要知道它们对人类究竟有多么重要

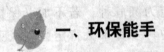 **一、环保能手**

（一）松鼠对环保的贡献

自然界中有许许多多的动植物，它们既为这个世界增添了绚丽多姿的色彩，又使整个地球大家庭处于一种非常和谐的状态，其中相当一部分种类为我们的生存环境提供了良好而无偿的服务。就像我们大家熟知的绿色植物，每天都在勤奋地吐故纳新，为我们提供新鲜氧气，而很多动植物也为维护自然界的生态平衡作出了贡献。森林中的啄木鸟被誉为"森林医生"，就是因为它们不断地把侵入树干中的害虫消灭，从而保证了大树小树健康、茁壮地成长。

很少有人认为松鼠对于森林的贡献会比得上啄木鸟。在大家的印象中，松鼠吃掉了松树、胡桃等树种结下的果实，从表面上来看，应该把松鼠们"绳之以法"，从而确保树木的种子能够正常萌发，使森林不断壮大。但实际上，如果我们仔细地研究一下松鼠吃果实的整个过程，则会改变对松鼠的看法。

秋天来临的时候，森林中果实累累，也是松鼠们最为忙碌的季节，它们不仅尽情地享受大自然的慷慨恩赐，而且还要采集很多的果实埋藏起来，作为储备食物，以免冬天食物缺乏时，弄得饥寒交迫。许多的资料表明，松鼠们并不能消耗掉自己埋下的全部种子；相反，可能有一半以上始终埋在土里。这样的话，到了春天，土里的种子就要发芽，于是，森林中每年都会长出许多小树。科学家们估计，1只松鼠平均要储藏1.4万颗种子，有了这个数字，我们一定想象得出，松鼠对于森林的贡献有多大。如果说，啄木鸟是森林中的"医生"的话，那么，松鼠就是森林的"养父养母"。

除了松鼠之外，森林中的老鼠也有相似的行为，而一些吃果实的鸟，则会通过排粪把种子撒到各处，间接起到了播种的作用。令人奇怪的是，有些植物的种子，必须到鸟类的肠胃中去转上一圈，才能发芽生长哩！

松鼠

现在我们应该清楚了，松鼠对于自然界森林的形成和壮大有着十分重要的作用，而森林的存在对于其他动物，对于我们人类，甚至对于整个地球，又是极其关键的。所以，我们把松鼠称为自然界中的环保专家。

（二）青蛙对环保的贡献

青蛙是捕虫能手，是农业生产的好帮手。专家们对青蛙的食性进行分析后得知，青蛙几乎只吃动物性食物。青蛙的食物中，害虫占了80%，其中包括严重危害作物的蝼蛄、天牛、蚱蜢、金龟子、蛞蝓、步行虫、水稻螟、稻纵卷叶螟等。将青蛙用于稻田除虫，有很好的效果。江西省宜丰县的农业专家们曾做了一次"养蛙治虫"的对照试验。他们在一组早稻试验田内每亩放养400～800只青蛙，不施农药；在另一组早稻试验田内喷洒2次农药。将2组稻田进行对照发现，放养青蛙的稻田早稻枯心率低，且早稻产量高出9.2%。由此可见，"青蛙治虫"是增产节约、防止农药污染的可行办法。

青蛙

画眉

（三）鸟类

鸟类是大自然的重要组成部分，是一项十分宝贵的生物资源。它们不仅将大自然点缀得分外美丽，使自然界更有生机，并给人以美的享受，而且还能产生生态效益和经济效益。特别是食虫、食鼠的鸟类，它们在农林业生产上的作用更为突出。例如，啄木鸟是著名的"森林医生"；白脸山雀、灰喜鹊、画眉等，一年四季守卫着森林、田野、庭院；主要在夜间活动、俗称猫头鹰的鸮类，以鼠类为食，是灭鼠能手，一个夏天可以捕食1000只田鼠；鸢、大鵟等以动物腐肉、秽物为食，在保持环境卫生方面起着良好的作用，被称为"自然界的清道夫"。

 ## 二、动物带给我们的启示

几乎每一种动物都身怀绝技，它们是我们这个星球上出色的"发明家"。

也许有人会问，难道动物也会创造发明吗？是的。只要翻开人类科学技术发展的史册，我们就会发现：在船只还没有出现之前，生物航海家——鱼类已经游弋于茫茫大海之中；鸽子在用自己的"罗盘"导航的时候，人类的定位仪还无影无踪；最早用灯光照明的不是人类，而是萤火虫；最早发明飞机的不是莱特兄弟俩，而是昆虫，因为早在3亿年之前，它们作为地球上第一批飞行家，已经升上了天空。

在动物的"创造发明"面前，

人们赞叹不已，惊讶万分。于是，科学家们开始向动物"发明家"学习，创造发明新技术、新工艺和新设备。模仿生物的科学——仿生学，在20世纪60年代也就应运而生了。

蜜蜂是当之无愧的"建筑大师"。它们一昼夜就能用蜂蜡建造几千间"住宅"，而且都是清一色的六棱柱形房间，每间房间的体积都是0.25立方厘米，每间蜂房的墙壁，同时又是另外六间蜂房的墙壁，这样就构成了紧密相连的一大片蜂房。只要仔细观察一番，就能发现，每个房间的正面是一个平整的六角形进出口，背面是一种六角锥体，它的六个三角形的侧面可以拼成三个相同的菱形。令人吃惊的是，由菱形面组成的角大小也是一样的：钝角都是109°28′，锐角都是70°32′。科学家们经过反复研究后确认，这样的建筑不仅能以最少的材料获得最大的居住空间，而且能以单薄的结构获得最大的强度。

人们仿效蜜蜂的建筑技艺，制成了工程蜂窝结构材料。这种材料重量轻，强度大，隔热和隔音性能好，现已广泛用于建筑物和飞机、火箭的制造。

蜂巢

乌龟壳、蛋壳、贝壳和花生壳等，都有弯曲的表面。它们虽然很薄，却能经受住较大的压力。例如，一个厚度只有2毫米的乌龟壳，即使用铁锤猛敲，也不容易砸碎。鸡蛋壳的厚度还不到1毫米，但要用手掌握碎它，也不太容易。从力学上分析，这种结构是很合理的，因为当它承受压力时，力量会向四周均匀扩散，所以十分牢固。

在采用这种结构的建筑物中，最有名的要数澳大利亚的悉尼歌剧院了。它的屋顶好像一堆奇特的贝壳，也像正待跨洋过海的帆船已经升起的风帆。在巨大的"贝壳"下，有宽敞的音乐厅、歌剧院、排练场、陈列厅、餐厅和休息厅等。整个建筑外形独特美观，成了世界有名的景点。我国北京车站大厅房顶采用的也是这种薄壳结构。这些结构既轻便坚固，又节省材料，而且中间没有柱子，不会挡住人们的视线。

在树林里，有时人们会听到"笃笃笃、笃笃笃"的响声。如果你蹑手蹑脚，屏住呼吸走上前去，就会发现，这是森林"医生"啄木鸟在"工作"。啄木鸟长着一把天生的"手术刀"，这就是像钢凿一样的嘴壳。它祖辈相传，以食虫为生。当它停落在树干上时，就举起"手术刀"东敲敲、西啄啄，从敲击树干的声音中，得知害虫潜伏的部位，然后在树上啄一个小洞，直捣害虫的老巢。害虫虽然隐藏在树干深处，但一旦被啄木鸟发现，便休想逃命。

根据调查和研究，啄木鸟勤勤恳恳，从不偷懒，每天都要敲打树干500～600次。有人通过高速摄影测算出，啄木鸟啄树时的冲击速度，是每小时2080千米；当啄木鸟的头部从树上弹回来时，它减速的冲击力也大得惊人——约有1000个

重力常数。要知道，一辆汽车如果以每小时56千米的速度，撞在一堵砖墙上，其力量才不过10个重力常数。可想而知，1000个重力常数，这是多么巨大的冲击力！奇怪的是，啄木鸟从来不会因此而得脑震荡，头颈也不会受到任何损伤。

啄木鸟

为什么啄木鸟有这种奇特的本领？科学家们进行了细心的观察和研究，还对啄木鸟进行了手术解剖。结果发现，啄木鸟的头部是一种天然防震器。它的构造与众不同：脑子被细密而松软的骨骼包裹着；在脑子的外脑膜与脑髓之间，有一条狭窄的空隙，这样一来，通

过流体传播的振动波，也许会得到减弱；头部有非常大而有力的肌肉系统，能起吸振和消振的作用。

以后，科学家又发现了一个更重要的原因，这就是啄木鸟的头部和它的"手术刀"，是一前一后做直线运动的，一点儿也没有侧向运动。

根据啄木鸟头部的奇特构造和运动方式，有人设计了一种新型的安全帽和防撞盔。这种帽子正好套在人的头上，里层松软而外层坚固，帽子下部又有一个保护领圈，避免因突然而来的旋转运动所造成的脑损伤。经过实际试验，这样的帽子比一般的防护帽效果要好得多，可以说是真正的安全帽了。

 ## 三、电子线路中的动物

波涛汹涌的海面上，一架救生直升机在盘旋。奇怪的是，直升机的瞭望台上竟然空无一人。是瞭望员擅自离开了岗位吗？不，这位"瞭望员"正在目不转睛地眺望着海面呢，它是一只鸽子。突然，鸽子发现了目标，它用嘴啄着面前的仪器，于是飞机就按它指示的方位降落，很快就救起了一个遇难落水

的人。

科学家发现，鸽子的远距离视力比人强得多。即使在800米外的海面上有个救生圈大小的物体，它也能看得清。原因很简单，鸽子是远视眼。试验表明，让它担任"瞭望员"确实比有经验的人更为出色。

经过训练的鸽子，还可以用来控制军用火箭，使之准确无误地击中目标——飞机、潜水艇或地面上的炮兵阵地。在这里，鸽子是怎么进行工作的呢？原来，火箭的头部装有跟踪目标的装置，它能将目标的物像传送到地面的一个荧光屏上，鸽子就站在这个荧光屏前。如果火箭准确地朝着目标飞行，屏上就不出现图像。但是只要火箭稍微一偏离目标，目标的物像便跃然屏上，这时，鸽子就会频频啄击这目标。鸽子的嘴上装有金属套，啄击时产生的电流送到了控制火箭的装置，于是，火箭重新回到正确的飞行方向上。顿时，屏上的目标图像便消失得无影无踪，鸽子也停止了啄击。为了提高可靠性，人们不是用1只鸽子，而是同时采用3只鸽子，使控制火箭的装置按多数鸽子的"意见"行事。

有人还试验让猫来控制空对空导弹。导弹外壳上的电子和电子光

学装置，能直接把信号发送给猫的脑子，或者在猫眼前放上荧光屏，用电视机来接收目标的图像。一旦导弹的轨道偏离了目标，猫产生了条件反射，把这个偏差纠正了过来。试验表明，猫眼比红外线装置更敏感和可靠；在高温闪光的影响

![鸽子]

鸽子

下，红外线装置常会使导弹偏离真正的目标，而猫眼却不受干扰。

上面的试验说明，在电子线路中可以直接用动物来进行控制。有人预料，这种线路将用于导弹中，这样的导弹不仅提高了对目标的分辨率，而且当目标运动时，也能自动改变航向，跟踪追击。这种线路还可以使无人驾驶的飞机，像有人在驾驶那样在蓝天中做机动飞行。

在大自然中，许多生物都是十分理想的自动控制系统。翱翔于蓝天的鸟儿、游弋于碧水中的鱼类和苍翠欲滴的植物，都是活的自动控制器。进一步研究这些生物，对于改进和研制新的自动控制系统，肯定是大有好处的。

以往，五彩缤纷的金鱼，只不过是一种供人观赏的鱼类。如今，有人设计了一种污染监测仪，活蹦乱跳的金鱼竟然充当了仪器的"探头"！当水中有毒物质的浓度上升时，如锌离子的含量达到每升7.6毫克时，金鱼便一反常态，变温文尔雅为焦灼不安了。这时，可用光电自动计数器进行测量，也可以把电极直接插在鱼身上，使自动记录器显示出呼吸率上升、心搏率下降等情况。这样，人们便可了解水质污染的情况了。

四、基因时代：果蝇的奉献

果蝇是一类极常见而又不被许

多人认识的小昆虫，它们体长只有几毫米，大多数长着一双红眼睛、有双翅、触角有羽状芒，身体呈黄褐色，夏秋季节经常在腐烂的水果上光顾。这种小昆虫，广泛分布于世界各温带地区。

从20世纪70年代开始，果蝇越来越受到科学家们的关注和青睐，到了今天，人们很难说出哪个生物学领域不曾感受过果蝇影响。果蝇被科学家们称为上帝的礼物，它是遗传学上的重要的实验材料，同时也是重要的实验模型。果蝇与人类在身体发育、神经退化、肿瘤形成等的调控机制，都有非常多的相通处，许多人类的基因在果蝇身上也有，甚至功能可以互通。生物学家们在很多领域都在应用果蝇进行生命科学的探索和研究，果蝇已经成为并将继续作为生命科学各个领域中应用较广泛的研究材料之一。

1933年，美国遗传学家摩尔根因为用果蝇发现了白眼突变的性连锁遗传，并创立了染色体遗传理论而获得诺贝尔奖；1946年，摩尔根的学生、有"果蝇的突变大师"之称的米勒，因发现X射线辐射引起果蝇变异获诺贝尔奖；1995年，刘易斯、福尔哈德和威斯乔斯三位科学家，通过对果蝇基因突变现象的

研究，发现了早期胚胎发育中基因控制遗传的机制。

长期以来，果蝇一直是科学家们的重要研究对象。因为果蝇个体小、繁殖快，能产生大量后代。它的生活史短，在室温下仅能生存不到2周的时间。又容易饲养，只要用几个小小的玻璃瓶，就可以饲养观察。在腐烂的水果上很容易得到它。

果蝇第一次被用作实验研究对象是在1901年，动物学家和遗传学家威廉·恩斯特·卡斯特首先对果蝇进行了遗传研究。1910年，美国哥伦比亚大学的摩尔根，开始在实验室内培育果蝇，并对它进行系统的研究。之后，很多遗传学家就开始用果蝇做研究，取得了大量遗传学方面的研究成果。

大约在1910年5月，在摩尔根的实验室中诞生了一只白眼雄果蝇。这是一个"重大的事件"，因为一般的果蝇通常眼睛都是红色的，而且果蝇那么小，要在瓶子中用肉眼注意到这个细小的变化，是不容易的，只有细心的研究者，才会有这样的"机遇"。这样一只不寻常的果蝇的发现，引发了重大的生物学发现，并由此取得了一系列的科学成就。

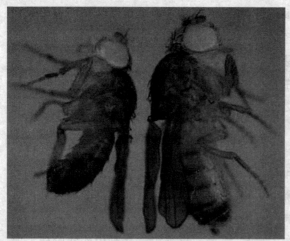

果蝇

　　摩尔根如获至宝，他将果蝇带回家中，把它放在床边的一只瓶子中，白天再把它带回实验室，反复不停地观察着。不久，他让这只果蝇与另一只红眼雌果蝇进行交配，摩尔根注意到，下一代的1240只果蝇，全部是红眼的。摩尔根又从果蝇多次交配得到的后代中，挑选出一只白眼雌果蝇与一只正常的红眼雄果蝇交配，奇怪的现象发生了，后代的雄果蝇都是白眼的，而雌果蝇都是正常的红眼睛。

　　这是为什么呢？摩尔根认为，果蝇出现白眼，是基因突变的结果，而且这个突变的基因是位于X染色体上的，是隐性遗传的。他把这种遗传现象叫做性连锁，又称伴性遗传。

　　之后，摩尔根和他的学生们继续用果蝇进行实验，并创造了测量染色体上基因之间距离的方法。这样，摩尔根把一个特定的基因与一条特定的染色体联系起来，用实验证明了基因在染色体上。由此，他提出了"染色体遗传理论"，为现代遗传学的建立作出了重要贡献。

　　摩尔根和他的学生在十几年的果蝇研究中，不仅有许多重大的发现，也留下了许多动人的故事。其中有一个故事是，由于研究工作需要数量很多的果蝇，在实验的高峰期，人们在哥伦比亚大学旁边的地铁车站，常看见成群的学生提着装有果蝇的牛奶罐，他们要把果蝇带回家去，在餐桌上继续进行果蝇的统计。有个学生的孩子，当有人问到他爸爸是做什么工作时，他很得意地回答说："我爸爸给哥伦比亚大学数苍蝇！"

　　果蝇的研究使摩尔根获得了极大的成功，有人这样评论他："摩尔根的染色体理论代表着人类想象力的一大飞跃，堪与伽利略、牛顿齐名。"一些著名的科学家经常来到他的实验室，或是向他寻求果蝇，需要他的帮助，或是与他进行交流。例如，发现人的A、B、O血型的兰德斯泰纳，就希望摩尔根帮助他们从遗传学上加以论证。而另一位英国著名生物学家威廉·贝特森，是孟德尔遗传定律重新发现的主要支持者，但他一直不相信染色体遗传学说，当他有机会来到美国时，就亲自来到摩尔根的实验室，用他自己的话来说，就是要来"看看哥伦比亚的奇迹"。看过之后，他不再怀疑摩尔根的学说，转而成为一个坚定的支持者，他说："我是为了对升起在西方的星，恭谨地奉献我的敬意而来到此地的。"

目前，科学家们几乎全部掌握了果蝇基因的奥秘。在果蝇全部的1.3万多个基因中，已经破译了97%的基因编码。通过研究发现，果蝇的基因中有61%与人类相同，特别是果蝇与人类使用同样的或是类似的基因控制生长发育，这对基因控制胚胎发育的遗传机制的认识，是极其重要的。除此以外，果蝇在其他一些方面的研究中，对于认识动物和人的神经活动、智力和行为等都有重要的价值。

果蝇曾经被认为仅仅是一种普通的昆虫，它的生命是短暂的，但它的生命活动却不简单。果蝇甚至具有多种多样的行为能力，它可以学习，不同个体之间有聪明与呆傻之分，有的还有"老年痴呆"的表现。在实验条件下甚至通过饮酒、吸毒也能表现出相应的行为。有人认为果蝇还能够睡眠，甚至做梦、唱歌等。关于人类睡眠的研究一直是一个重要的领域，科学家们在对果蝇的研究中筛选到一个基因，发现这个基因与睡眠直接相关。通过在果蝇身上进

人类的基因

行相应的基因研究，可以进一步扩展到小鼠和其他哺乳动物，甚至对人类睡眠的认识，都有极大的意义。

总之，果蝇在近一个世纪以来的生物学舞台上占有举足轻重的地位，在各个领域的广泛应用使其成为一种理想的模式生物，不论在已往、现在和将来，都将为人类探索生命科学的真谛作出不可磨灭的贡献。

五、人类健康与动物的关系

保持身体健康、防病治病、延缓衰老是人们的愿望。在长期的实践中，人们发现很多疾病可用各种各样的动物来治疗，例如古人早就知道用医蛭吸淤血，治疗肿毒疥疮等顽症。明代李时珍的《本草纲目》中记载的动物药材有461种。

我国的中医药历史源远流长，广泛使用的动物药材很多，如牛黄、鹿茸、麝香、龟板等。外形丑陋的蟾蜍的耳后腺可制成蟾酥，哈士蟆、海马、水蛭、蜈蚣、土鳖虫等，也都是有药用价值的宝贵资源。

在动物园中，我们见过梅花鹿或马鹿等动物，它们的头上常常长着形状各异的角。它们每年都换新角，生长中的鹿角在骨心外包有带茸毛的皮肤。我们称它为鹿茸。鹿茸可提高人体的活力，促进新陈代谢，特别是能增强大脑的机能，历代医书都把鹿茸称为"药中之上品"。此外，鹿肾、鹿血、鹿骨、鹿尾和鹿鞭等都可入药，真是"鹿身百宝"。但是，野生的梅花鹿已不足1000头，已成为国家一级保护动物。因此，要多产鹿茸和鹿肉，唯有发展人工养鹿。

麝是一种小型鹿类。麝香是雄麝的麝香腺分泌的一种物质，在

麝

中药中应用非常广泛，如"六神丸""麝香蟾酥丸""麝香膏"等均用它做原料。麝香有浓厚的香味，所以，它又是高级香水和香料的原料。

海马是一种鱼类，因为它的头形像马，所以称为海马。它的繁殖方式很奇特，每当生殖期到来时，雄海马的腹部充血，皮褶愈合形成一个育儿袋，雌海马将成熟的卵产在雄海马的育儿袋中，卵就在里边孵化成小海马。小海马发育成熟后，雄海马就像不倒翁似的前俯后仰，一条条小海马就从育儿袋中被逐渐喷了出来。海马可供药用，素有"南马北参"之称，意思是海马与吉林人参齐名，有健身、强心、止痛和催产等功效。

哈士蟆是东北地区产的中国林蛙。干制的雌性林蛙整体称为哈士蟆，晒干的输卵管称为哈士蟆油，是中药里名贵的补品，用于补虚、退热。因为中药对它的需要量很大，近来已有不少地方进行人工养殖。

蝎子是蜘蛛的近亲。因为它会蜇刺人，所以常遭人们的憎恶和厌弃。其实蝎子以小虫为食，它直接或间接地消灭了许多危害人类的小虫，它的功大于过。而且，蝎子可做中药，称为全蝎，去毒的尾部称为蝎梢。它们可治疗小儿惊风抽搐、大人半身不遂等10多种疾病。蝎毒还能治疗流行性乙型脑炎。

蜈蚣既是毒物又是宝物。它有毒螯和毒腺，会伤人，但它又是宝贵的动物药材之一，有抗肿瘤、止痉和抗惊厥等功效。

癌症是使人不寒而栗的恶疾，人们谈癌色变。为了减弱和终止癌症对人类的威胁，成千上万的科学家在各个领域中夜以继日地探索着，海洋药物资源是他们研究的热点。科学家们已用海洋生物制取了很多药物。杂色蛤的提取物对肺癌细胞的生长有抑制作用；从海绵动物体内提取的一种物质可治疗口腔癌和宫颈癌，对白血病也有疗效；从加勒比海的柳珊瑚和软珊瑚中也提取到了抗癌物质。科学家们发现鲨鱼很少得癌症，似乎对癌有天然的免疫力，将一些病菌和癌细胞接种于鲨鱼体内，也不能使其患病和致癌。这些发现，导致了人们对鲨鱼研究的兴趣。近年来，已从双髻鲨体表分泌物中分离出一种超强抗癌药物，从深海鲨鱼的肝脏中得到有抗癌作用的角鲨烯，还发现鲨鱼的软骨中有抗肿瘤的活性成分。科学家还从牡蛎、蛤、鲍鱼、海蜗牛、乌贼等动物体中找到了许多抗病毒的物质，可以治疗多种疾病。

可以看出，长期以来，许多动物为人类的健康作出了无私的奉献，成了人类健康的忠诚卫士。

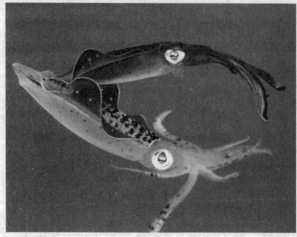

乌贼

进入新世纪以来，人类对健康又有了崭新的认识。其基本的认知是，人类自身的健康离不开自然生态乃至动植物的健康。在人类生存的这个地球生物圈内，健康乃是一个交叉循环的概念。人与日月光华共出没，与动物植物齐呼吸，生命物质信息的交流与交换肯定是不可或缺的。大自然不健康，野生动物不健康，人类休想健康。

近年来，一个新兴的交叉学科——保护医学诞生，其核心理念是：健康涉及整个生命网；健康体系包含了包括人类在内的所有物种；生态过程联结物种之间的相互

关系，约束所有的生命体系。人类活动导致的物种灭绝的速度提高到了人类出现前的100～1000倍。我们在失去大量动植物物种的时候，很可能有许多物种还没有被人类发现，而它们可能是有价值的新药物的来源。而且，所有的物种和自然环境构成了生态系统，其特点是具有服务功能，包括调节氧气和二氧化碳浓度、大气水分循环、净化饮用水、调节全球温度和降水量、形成土壤和保肥、植物授粉，以及提供食物和燃料等，因此人类的生存和发展离不开所有生命支撑的服务功能，而这种功能的丧失正是由于生物多样性的丧失引起的。

六、植物在环保中的重要作用

（一）草坪是空气净化器

草坪又被人们称为草皮。它对于人类生存环境有着美化、维护和

改善的良好作用，同时，绿茵茵的草坪，也具有较高的观赏价值和实用价值。

我国对利用草坪的研究有着悠久的历史。早在春秋时，《诗经》中就有对草地描述的佳句。前187～前157年张骞通西域，就带回一定数量的草坪草。那时的草坪只是宫廷园林中的小块草地。而到500年左右，人们开始注意各种庭园中的绿色草地——草坪。13世纪，草坪进入室外的运动场、娱乐、游玩和栖息地。18世纪，英国、德国、法国等国家先后都建立和普及了草坪。

草坪草都来源于天然牧场，它已广泛地应用于各种场所，渗入到人类的生活，成为现代文明社会不可分割的组成部分，草坪草的研究已成为一门新兴的学科。

人们通过研究证明，草坪能净化空气，消除病菌。如1公顷草坪地，每昼夜能释放氧气600千克。它还具有很强的杀菌能力，一些有毒空气被草坪吸收后，可以陆续地转化为正常的代谢物。

草坪草密集交错，叶片上有很多茸毛和黏性分泌物，就像吸尘器一样，吸附着飘流粉尘和其他金属微粒物。绿色的草坪是一个既经济又理想的"净化器"。它可以把流经草坪的污染水净化得清澈见底。草坪就像绿色的地毯，其根部在土壤中纵横交错地编织着一幅网状图案与土壤紧密地结合，既能疏松土壤，又能防止土壤流失。

绿色的草坪以其具备的吸热和蒸腾水分的作用，可以产生降温增温的效力，可以调节小气候。草坪是消除和减弱城市噪声污染的最好武器，又是十分廉价的除音设备，草坪以外形低矮、平整、色泽如一、线条起伏和图案新奇给人以美的享受。

草地

（二）沙生植物不怕旱

最著名的一类沙生植物是仙人掌科植物，它们的叶子退化，可以减少水分蒸发，茎呈肉质可以饱含水分，茎含叶绿素可进行光合作用。

在墨西哥沙漠中，有一类巨型仙人掌，形如大树，如果切开它，里面尽是水，好像储水桶一样，这是它抗旱存水的巧妙方法。

有的沙生植物靠深根吸地下水来抗旱，根深的程度往往惊人，如

沙漠夹竹桃

骆驼刺的根，可深入地下15米水源处吸水。骆驼刺生于我国西北沙

漠里。

非洲撒哈拉大沙漠中，有一种叫"沙漠夹竹桃"的植物，它的叶片下面的气孔陷在一个深洞里，洞口有茸毛，防止水分蒸腾过快。它本身有一种笼罩树身的挥发油散出的蒸气，防止过度蒸腾。

（三）森林是绿色宝库

地球上郁郁葱葱的森林，是自然界巨大的绿色宝库。森林是我们人类的老家，人类的远祖——猿最初就是从这儿发展起来的。今天，森林仍然为我们无私地服务着。

从生态与环境角度来看，森林是地球之肺，是生态平衡的支柱。通过光合作用，森林维持了空气中二氧化碳和氧气的平衡。除此之外，森林还有许多其他功能。

森林能涵养水源、防止水土流失。据测算，林地和非林地相比，每亩(1亩=666.7平方米)能多蓄20立方米的水，10万亩森林蓄积的水，与一个库容量为200万立方米的中小型水库可蓄积的水相当。森林还是水分的"调度员"。在雨季，森林能使洪水径流分散，滞缓洪峰的出现；在枯水季节，森林则维持河水的正常流量。

森林能调节气候、防风固沙，大面积的森林可以改变太阳辐射和空气流通状况。森林里，巨大的树冠和树身阻挡了大风，降低了风速。1公顷森林一年能蒸发8000吨水，使林区空气湿润，起到调节气候的作用。

森林又是消除污染、净化环境的能手。森林好像是天然的吸尘器，15亩的森林一年能吸收36吨烟尘。森林里许多树木是消除空气污染的能手。例如樟树、丁香、枫树、橡树、木槿、榆树、马尾松等都有很强的吸收二氧化硫、氯气等有毒有害气体的能力。松树等树木还能分泌杀菌素，杀死白喉、痢疾、结核病的病原微生物，起到净化环境的作用。

森林还是庞大的基因库，在生物圈中占据着重要的位置。在森林里，植物、动物、微生物种类繁多，物种极为丰富。据估计，地球上约有3000万个物种，而生存在热带、亚热带森林中的物种就有400万~800万个。

假如没有森林，地球上将会有450万个物种灭绝，洪水将泛滥，沙漠将不断扩大，人类的生存环境将会大大恶化。当前，制止乱砍滥伐、维护生态平衡是我们的首要任务。只有保护好森林，我们的地球家园才会变得越来越美好。

森林是大自然的卫士，是生态平衡的支柱。它能维持空气中的二氧化碳和氧气平衡，还能清除空气中的有毒有害气体，因此被人们称为"地球之肺"。

大气中的氧气，对生物有着极其重要的作用。人可以许多天不吃不喝，却一刻也不能停止呼吸。

森林

在地球上，绝大多数的氧气是由森林中的绿色植物产生的。绿色植物在进行光合作用时，能吸入二氧化碳，呼出氧气。当然，绿色植物也要进行呼吸作用，不过在阳光的照射下，它的光合作用大约比呼吸作用大20倍。因此人们称绿色植物是氧气的"天然制造厂"。树木通过光合作用吸收大量的二氧化碳，同时释放出大量的氧气，这对全球生物的生存与气候的稳定，有着很大的影响。有人测算过，一株胸径33厘米的栗树有11万片叶子，其表面积为340平方米，一座森林有成千上万棵树，树叶的面积就非常巨大了。地球上的绿色植物每年要吸收4000亿吨的二氧化碳，释放2000亿吨的氧气。可以毫不夸张地说，没有了森林，人类和各种动物都无法生存下去。

森林对大气有很强的净化作用。森林中的植物能清除二氧化硫、氟化氢、氯气等有害气体。二氧化硫是分布广、危害大的有毒气体，当大气中二氧化硫浓度达到0.01‰时，就会引起心悸、呼吸困难等症状。森林能吸收二氧化硫，并将它转化为树木体内氨基酸的组成成分。氟化氢也是对人体有害的气体，人如果吃了含氟量高的果品、粮食和蔬菜，就会中毒生病。许多种树木都

能吸收大气中的氟化氢，每公顷银桦树能吸收11.8千克的氟，每公顷桑树能吸收4.3千克的氟，每公顷垂柳则吸收3.9千克的氟。

森林还被人们比作"天然的吸尘器"。假如把1亩森林的叶片全部展开，可铺满75亩的地面。由于叶片上绒毛多，叶片还能分泌黏液和油脂，因此森林能拦截、过滤、吸附空气中的各种污染物。科学家们作过计算，每年每15亩松林可消除36吨烟尘，每平方米榆树叶可滞留3.39吨粉尘。当带有粉尘的气流经过森林地带时，由于茂密的枝叶减低了风速，空气中的大部分粉尘都

美丽的森林

会落下来。一场大雨后，粉尘被淋洗到地面，空气又变得洁净异常。树叶被雨水洗干净后，又恢复了滞

尘能力，又可净化空气了。

森林真是"地球之肺"，没有它，一切生物都将难以呼吸，难以生存。

森林不仅能净化空气，也能净化废水。将大量废水引入森林，喷洒在树木身上，非但不会抑制树木生长，而且能促使树木成材。这是因为废水中往往含有大量的磷、钾、钙、镁等矿物质，它们是树木生长不可缺少的养料。森林中有些树木因土壤贫瘠导致"营养不良"而生长缓慢，一经废水浇灌，它们便恢复长势。废水中的细菌和病毒在江河中会毒化水质，毒害鱼虾，传播疾病。然而当它们随着废水进入森林，却犹如处于四面楚歌的境地：它们被吸附于地表，土壤中有它们的天敌；许多树木能分泌大量的植物杀菌素，一旦有细菌和病毒闯入它们的领地，便会被就地歼灭；爬上枯草、树木的病原体，也逃脱不了紫外线和杀菌素的攻击。经几番"围剿"，废水中的细菌、病毒就被消灭得差不多了，这些水再从森林中流向江河湖泊或渗透地

下，就不会污染环境了。

利用废水灌溉森林，既净化了废水，废水中的养料又能被树木吸收，促进了树木的生长。用废水灌溉后，有的树木的生长速度甚至比常态下的快2～4倍。繁茂的森林在净化大气、滞留尘埃、消减噪声等方面起着更大的作用。

（四）热带雨林是天然基因库

据专家考察证实，仅在南美洲热带雨林发现的植物就达1万种。如果继续破坏森林，这些植物中的大部分，等不到人们发现和利用，便会消失掉。而植物，不仅是我们的全部食物和半数药物的来源，而且还是净化空气、制造氧气的天然"氧吧"。当前，世界粮食生产主要依赖小麦、水稻和玉米，这些谷

热带雨林

物很容易遭受新的病虫害的侵袭。为了战胜病虫害，就得经常利用现代谷物的野生亲缘，培育新的抗病害品种。随着热带雨林的大片消失，这种天然基因库也随之消失，并将在意想不到的范围内，导致世界谷物的匮乏。20世纪70年代，矮化病破坏了亚洲大部分水稻，为了培育能抗矮化病的水稻新品种，农业专家们在印度中部的热带雨林中寻找具有强抗性基因的野生稻种，结果仅找到了1种。如果当时一无所获，亚洲的水稻恐怕就不再有"身强体壮"的后代了！

（五）温带雨林是被遗忘的绿色宝库

稍懂些地理知识的人都知道热带雨林，但热带雨林的孪生姐妹——温带雨林却鲜为人知。这也难怪，因为广泛分布在南美洲、东南亚、非洲的热带雨林，蕴藏着极为丰富的动植物种类，它们对维持全球的生态平衡起着举足轻重的作用。然而，热带雨林正面临着人类疯狂的吞噬，使仅存不到一半的热带雨林正以平均每年129.5平方千米的速度在消失。幸好不是所有的雨林都位于热带，还有许多宝贵的温带雨林，如美国华盛顿奥林匹克半岛、阿拉斯加的东南部、加拿大温哥华岛的西海岸、澳大利亚的塔斯马尼亚以及南半球的智利，都分布着迷人的温带雨林。

温带雨林虽然也有热带雨林那高大的乔木、茂盛的灌木和品种繁多的附生植物，但由于温带雨林经历了冰川时期的生物物种的大动荡期，同热带雨林相比物种少得多，不过其生物总量比热带雨林多得多，树木既高大又结实。

雨林在人们心目中，通常意

温带雨林

味着有充沛的降水量。热带雨林的年降水量均在2540毫米以上，达到这个降水量的温带雨林极少，但温带雨林也有得天独厚的优越地理条件：冬暖夏凉，冬季气温极少低于0℃，这无疑为动物的生存和繁衍提供了先决条件。

北美洲的温带雨林盛产珍稀的锡特卡云杉，奥林匹克雨林中则不乏罕见的铁杉、大叶槭树，还有道格拉斯的冷杉和西部的红松林，它们都是世界上珍贵的树种。在神秘的温带雨林中，有的树木高达91米，树径足有6米。在这些温带雨林里，许多珍禽异兽如罗斯福大角鹿、黑熊、水獭、北美林跳鼠、美洲豹等，在这块神秘的园地和平相处、繁衍家族，它们以极其丰富多彩的生活方式描绘了一幅奇妙的自然生态环境图。

（六）红树林

广西合浦县莫罗港，有一道1907年修建的堤围，它屹立在南海之滨，抵御着狂风巨浪的袭击。近百年来，堤围一直安然无恙，保护着堤围内3000多亩农田。人们在称赞堤围时，总要同时称赞堤外的1200亩红树林，是红树林做了堤围的最好屏障。

红树林是地球上唯一的热带海岸盐水常绿热带雨林，是一种独特的森林生态系统。树种中大部分属红树科植物，故通称红树林。红树林的种子外表似四季豆，垂挂在藤架上，在母树上发芽，长成幼苗。成熟后就自行脱落，掉到海水中，像轮船抛锚一样插入泥沙中，几小时内自然长成一株小树。有时幼苗遇上潮汐时，被海水漂走，待到海水退潮时，便在适宜的泥沙中扎根生长。冬去春来，年复一年，红树依靠这种奇特的方式，代代相传，逐渐形成了蔚为壮观的红树林。

海滩长期风浪大、盐分高、缺氧，而红树科植物对此十分适应，它们大都有发达的支柱根和众多的气根，纵横交错的根系与茂密的树冠一起，筑起了一道绿色的海上长城，抵御着热带海洋的狂风恶浪，保护了沿海堤围和大片的农田农舍，同时还改善了海岸和海滩的自然环境。

从我国广西北部湾至福建沿海，都分布着不同类型的红树林。红树林的根系不断淤积泥土，使海滩逐渐变为陆地。林内是鸟类、水生生物和微生物理想的栖息繁殖场所，它们一起组成了一个良好的生态系统。

红树林

红树本身还具有较高的经济价值。它木质细密，是家具、乐器和建筑的好材料；它的树皮富含单宁，可提取鞣酸制革或做染料；它的叶子可做绿肥、饲料；它的果实可以食用，不少种类还有药用价值。

我国有红树林约90万亩，占世界的7.6%。过去，由于盲目围海造田、修建海堤和盐田，加上环境污染，大片红树林被毁，导致海滩大量肥沃的土层被海浪和潮流冲刷带走，使生机勃勃的海滩逐渐变为贫瘠的沙滩。近海渔场也因失去提供饵料的基地而产量下降。最后导致整个海岸带的生态平衡遭到破坏。

保护红树林，也是在保护我们自己的家园。为此，国际上专门召开了红树林学术讨论会。我国红树林研究专家在1980年首次出席了第二届国际红树林学术会议。

（七）银桦是净化空气的能手

美丽的银桦，是山龙眼科的常绿大乔木。它树姿优美，银灰色的叶，随风翻卷，银光熠熠，悦目可爱。银桦原产于澳大利亚，我国在20世纪20年代开始引种，现在，银桦已成为南方不少城市的行道树和工厂区主要的绿化树种。

银桦树对城市里的烟尘和厂区的有害气体，有比较强的吸收和抵抗能力。生长在烟囱附近的银桦，虽受煤烟污染，树叶却未见病状。种在街道和公路两旁的银桦，其枝叶茸毛上吸附了粉尘、泥土，经雨水冲刷后，它们依然枝青叶绿。据测定，银桦对氟化氢和氯化氢抵抗性较强，有较高的吸收能力，每公顷银桦林能吸收氟化氢11.8千克，每克银桦树叶能吸收氯化氢13.7毫克。银桦对二氧化硫抵抗性也较强，在二氧化硫浓度较高的硫酸车间盆栽3个月，仍能保持一定的树冠，新发枝叶多。在中型硫酸厂，排放二氧化硫污染源的下风处200～500米范围内，一般树种很难存活，而银桦照样正常生长。银桦的"绝招"还不止这些，它甚至能抵抗有毒的氯气。试验表明，在化工厂氯气的排污口下风位10～20米范围内，盆栽20天后的银桦苗木，仍保持绿色树冠，受害叶脱落较少。

可见，说银桦是"净化空气的能手"，一点儿也不夸张。银桦确实是城镇和工业区良好的绿化树种。

（八）甘蔗是"环境卫士"

甘蔗是禾本科植物。它除了吸收土壤中的一些矿物质外，主要吸收大气中的二氧化碳。甘蔗每天吸收的二氧化碳比水稻多1倍以上，而且能吸收高浓度的二氧化碳。空气中的二氧化碳在正常情况下浓度只有0.3‰左右，但甘蔗对二氧化碳吸收力强，利用率高，即使周围的二氧化碳浓度少于0.005‰～0.01‰，它也能吸收。而水稻在周围二氧化碳浓度少于50ppm时，就无法摄取了。盛夏季节，甘蔗甚至能"吃"下高达几千百万分比浓

银桦

度的二氧化碳。因为吸入量大，甘蔗除了吸收掉自己呼出的二氧化碳外，还能大量吸收周围的二氧化碳来满足自身的需要，并且在产生所需的"食物"时，释放出氧气。

甘蔗林

没有植物，地球就会充满令人窒息的二氧化碳，大气的含氧量也不会由原先的0.05%增长到现在的21%，地球也不可能变成一个生机勃勃的行星了。这其中就有能"大吃特吃"二氧化碳的甘蔗的功劳。

甘蔗对于一些有害于人体的气体，如氟化氢、氯气和氯化氢，也有较强的抵抗性。它还可以以造纸厂的废水为肥料，从而减少这些废水造成的环境污染，保护环境。

由此可见，甘蔗不仅是一种人们爱吃的水果，还是与环境污染作斗争的卫士。

（九）绿化带能降低噪声

降低噪声的方法很多。一种便利的方法是种植树木，建立绿化带。并且，绿化带具有多种保护环境的功能，可说是一举多得。

据测定，在树木密集，同时地下草木丛生的情况下，4000赫兹的声波，每经过30米，强度就大约减少5分贝。住宅前如有7～10米宽、2米高的树篱，约可降低噪声3～4分贝。

为什么绿化带能降低噪声呢？原因是声波在通过树木时，枝叶会发生微振，产生散射，或被枝叶吸收，因而强度减弱。

绿化带降低噪声虽然有一定效果，但不能期望过高。如要真正取得良好的效果，就应种植阔叶树，并使整个绿化带既要密又要宽。此外，绿化带是综合防治污染、保护生态环境的重要措施，大致有10种有益的功能：

第一，吸收二氧化碳，放出氧气。每公顷阔叶林每天能吸收1吨二氧化碳，放出730千克氧气。

第二，吸收有毒有害气体，净化大气。柑橘类果树吸收二氧化硫的能力可达干叶重的0.8%，杨树的吸收量更高达干叶重的6.12%。

第三，驱菌和杀菌。许多树木如橙、柠檬、法国梧桐等，能分泌出杀菌力很强的挥发性灭菌素。

第四，阻滞粉尘。叶面粗糙不平、茸毛多的植物，以及可分泌油脂和黏性物质的植物，能吸附和滞留部分尘粒。如每公顷松树一年可滞尘34吨。

第五，减弱和阻隔噪声。

第六，净化污水。水流经过林带，内含的细菌、溶解物质会大量减少。

第七，抗御、吸收放射性物质。某些地区树林背风面叶片上的放射性物质只有迎风面叶片上的1/4。

第八，调节气候。林带和绿地可调节温度、湿度，促进空气对流。有行道树的马路比无行道树的马路，最高气温可低3℃左右。

第九，防风固沙、保持水土，保护农田。

第十，保护鸟类和动物，为它们提供栖息、活动的场所，提供食物。

七、人类生存的环境保障——植被

植被，尤其是森林植被具有较强的调节气候的功能，它们对环境中的光照、温度、水分等因子都有较大的影响，并可使其发生较大的变化。

首先是森林对光照的影响，由于树冠中生长着大量的叶片，当树冠充满叶片时就会使树下或林下的光照条件发生较大的变化。据测算，太

绿化带

阳光线照到森林表面时，有10%左右的直射光被林冠反射了，有60%~80%的光被林冠中的叶片吸收了，只有10%~30%的光才能直射到林下。因此，一般在炎热的夏天，在大树下面或森林里就会感觉到比外面凉爽些，也就是俗话所说的"大树底下好乘凉"。这是由于树冠或林冠阻挡了阳光向下的直射，加上树冠层不断地吸热蒸腾，消耗了许多热量，使得夏季和白天树下或林下的空气温度较外面低。

植被对大气中的水分含量也具有较大的影响，这主要是由于植物的蒸腾作用造成的。植物的蒸腾作用是由于在强光照射条件下，叶片表面温度的增加，使大量叶内水分通过叶表面的气孔散发到叶片周围的空气中，达到吸收热量降低温度的作用。有关的研究结果表明，在植物生活中有99%的水分需要用于蒸腾作用。因此，要保证植物的正常生长，就必须有足够的水分供应。

一般情况下，一株玉米每天需要消耗2千克水，一生需要消耗200千克水。小麦等谷类作物，每生产1千克干物质需要消耗300~400千克水，即亩产1000千克干物质就需要消耗30万~40万千克水。而森林的蒸腾作用还要比一般的农田高出许多，一般温带森林生长期内平均日蒸腾量为每公顷4万千克，热带森林的蒸腾量比温带森林还要高2~3倍。

植物或植被将如此之多的水分带入大气中，对加强水分循环、改善气候条件等均有极重要的价值。一般来讲，具有大面积茂盛森林的区域，其水分循环情况都较好，地下水通过植物根系的吸收，经过蒸腾散发到空气中，增加了大气中的水分含量，不仅提高了空气湿度，而且也促进了降水的形成，构成了良性的循环。

植被还能减弱风力、降低风速，特别是森林植被对风的影响更为明显。风是由空气的流动形成的，当气流遇到森林的阻挡时，在森林迎风面就会有空气积聚，形成一个高气压区域，在森林前面很广的范围内阻滞了气流的强度和速度，使该区域成为弱风区。同时，在森林的背风面，由于森林阻挡减小了风速，形成了一个低气压区，不仅在林缘局部区域改变了风向，而且还在更大的范围内形成弱风区，从而起到减弱风力、降低风速的作用。因此，人工防护林的营造工作，已成为干旱和半干旱地区防风固沙的主要措施。

由此可见，植被特别是森林植被对局部地区气候条件的改善具有十分重要的意义，大力开展植树造林工作，是一件利国利民的大事。森林除了可改善人类生存环境的气候条件外，还可对人类造成的大气污染起到净化的作用。

森林中的植物在光合作用过程中吸收二氧化碳，释放出大量氧气，这本身就是对大气的净化。此外，森林还具有吸收粉尘和有毒气体、杀菌和减少噪声等作用。据统计，地球上每年的降尘量高达几百万吨，有的工业城市每平方千米降尘量就是500～1000吨。树木在降低灰尘上的作用表现在两个方面：一方面是降低风速，促使大颗粒灰尘的沉降；另一方面是树叶表面的凸凹构造及其毛茸、蜡质等附属物，对飘浮粉尘有吸咐作用。据测定，绿地的减尘率可达30%～60%。

许多树木还具有吸收有毒气体的能力，可把浓度不大的有毒气体吸收掉，从而避免大气中有毒气体积累达到有害的程度。另外，树木也具有一定的灭菌作用，它一方面通过降低大气中的粉尘数量，减少有害菌的载体；另一方面也可分泌出一些杀菌素，消灭空气中的一些细菌、真菌及其他病原微生物。

三北防护林

现代的大城市除了大气污染外，噪声也是影响人们生活和工作、并对人体健康具有危害的一个因素。树木林带对噪声具有良好的消减作用，在街道两旁、广场、公共娱乐场所和工厂周围，营造不同结构的林带，是防止噪声的有效措施之一。

由此可见，植被不仅对人类环境的气候条件具有较强的调节功能，而且对人类的环境污染也有较大的净化能力；特别是对气候条件较差的地区和环境污染严重的城市，开展绿化造林，扩展绿地面积，将是改善人类生存环境，提高人类生活质量不可缺少的一项重要工程。

八、美化人类生活的使者——观赏植物

凡栽培或保留于公园、庭院、路旁、室内等处，用于美化环境、供人观赏的植物都统称为观赏植物，通常包括观赏树木、观赏花卉和草坪植物三大类。园林绿化观赏植物为人类的身心健康，提供了良好的生活和娱乐环境，对人类抒发

对大自然的热爱之情，陶冶人们的情操具有重要的意义。

中华民族素有爱花、赏花的天性，历代文人墨客都对我国的名花、秀木挥毫泼墨，留下了许多千古绝唱的诗篇和不朽的画卷。我国对观赏植物具有悠久的栽培历史和丰富的经验，被赞誉为"世界园林之母"。几千年来培育了许多名贵的观赏花卉和树木，使华夏大地香飘四季、万紫千红。

牡丹花

除了赏花、赞花外，我国人民还将花与节气相联系，形成了始梅花、终楝花的二十四番花信风。特别是在江南地区，由于气候温暖湿润，名花种类繁多，一年四季月月有花盛开，选其各月代表者，还构成了十二月花令，"正月梅花凌寒开，二月杏花满枝头，三月桃花花烂漫，四月蔷薇满篱架，五月石榴红似火，六月荷花畔暑风，七月

凤仙展奇葩，八月木槿香满院，九月菊花傲霜开，十月芙蓉孤自芳，十一月水仙凌波开，十二月蜡梅报春来。"在我国民间谚语中也记录了花的物候知识，如"惊蛰之日桃始花"等。此外，各地群众还把花的物候用于预报农时，将观花与农业耕作活动相联系，运用起来及时准确。如在四川就有"菊花开遍山，豆麦赶快点"，在华北有"枣芽发，种棉花"等谚语。

我国的名花种类繁多，其中较为重要的有牡丹、梅花、月季、山茶、杜鹃、蜡梅、菊花、兰花、水仙、荷花等。

花中之王牡丹国色天香，自古以来一直是吉祥、富贵、幸福、美好的象征。牡丹原产我国秦岭一带，早在1600多年前就已开始栽培观赏，到了唐代已是誉满九州的名贵花卉，大诗人李白曾有"名花倾国两相欢，长得君王带笑看"的赞美诗句。北宋时期，在洛阳种牡丹、赏牡丹蔚然成风。形成了"洛阳牡丹甲天下""春城无处不飞花"的景象。现在，牡丹共有300多个品种，以山东菏泽、河南洛阳、安徽亳县和北京等地栽培的品种较多。

梅花是春的使者，"一朵勿先报，百花皆后香；欲传春消息，不怕雪里藏。"梅花以那种凌霜傲雪、刚健挺拔的性格，而深受人们的喜爱，与松、竹并称"岁寒三友"，与兰、菊和竹同称为"四君子"。我国植梅历史悠久，现已有3000多年的历史。《诗经》中就有《标有梅》篇，隋唐之时咏梅之风极盛，到了宋代更是历史上植梅的鼎盛时期。现在梅花有4大类、230

荷花

多个品种，以成都、杭州、武汉等地为栽培中心。

荷花，又叫莲花，花大而艳丽清香，自古以来极受人喜爱，常以"出淤泥而不染"，来赞美其崇高。荷花早在周代开始栽种，已有3000多年的栽培历史，目前有食用和观赏两大类。在观赏类中的并蒂莲、四面莲等品种最为珍贵，并蒂莲一直被作为爱情和美满婚姻的象征。荷花在我国栽培范围极广，全国各省区几乎均有分布，济南就以"四面荷花三面柳，一城山色半城湖"的荷花和泉水而闻名于世；湖南曾广植荷花而被称为"秋风万里芙蓉国"。

菊花，也叫秋菊，原多为黄色，因此又叫黄花。在唐代开始有白菊，宋代出现紫菊。现在的菊花已有单色、混色等多种花色，形成复杂多样的品种。菊花素有"菊残犹有傲霜枝"的倔犟性格，以及非到"点苍苔白露冷"的时候，决不开花的"无畏"品质，被誉为"花中英雄"。但随着栽培和育种工作的发展，目前菊花已进入长期开放

的花卉之列，在人们尽情观赏了秋菊佳色之后，还可在春节、端阳、国庆等节日里观赏到各式各样的名菊佳品。

水仙清秀淡雅，娟丽多姿，历来都是诗人、画家的笔下主题。"得水能仙与天奇，寒香寂寞动冰肌""有谁见罗袜尘生，凌波步稳，背人羞态云铢轻，娉娉袅袅，晕娇黄玉色轻明"等诗句把水仙描绘成高雅清逸、秀丽芬芳、超凡脱俗的"凌波仙子"。水仙原产我国浙、闽沿海沼泽地带，现福建漳州、上海崇明、浙江舟山等地都有栽培。

蜡梅是与梅花亲缘关系相差较大的植物种类，但可与梅花一样凌霜傲雪，在寒冬腊月，迎风怒放，不过其花期较梅花早些。当傲雪的

蜡梅

菊花早已枯萎，秀丽的梅花尚未吐蕊之时，蜡梅便冒寒开放，枝头缀满黄花，散发出优雅的芳香。可谓"花处见晴雪，花里闻香风"。我国栽培蜡梅已有几百年的历史了，现在北京以南各地园林和庭园中均有广泛种植，以河南鄢陵最为著名。

这些名贵花卉种类，不仅对我国园林观赏绿化、美化和香化具有重要的意义，而且有些种类或品种还传到国外，如梅花、月季、山茶、蜡梅、菊花等，成为世界性园林观赏的重点花卉种类。此外，我国还有200多种较为重要的露地栽培花卉和温室栽培花卉。在野生植物类群中也有数量庞大的、观赏价值较高的野生花卉种类。

除了观赏花卉外，我国还有600多种较为重要的观赏树木，其中比较著名的就有银杏、水杉、雪松、金钱松、侧柏、园柏等，特别是雪松和金钱松，园林观赏价值极高，与南洋杉、日本金松和美国巨杉（世界爷）并称为世界五大庭园观赏树种。

侧柏和桧柏都是我国应用最普遍的园林树木，自古以来即多栽植于庭园、寺庙和陵墓等处，是我国名山大川常见的古树之一，如陕西黄陵轩辕庙的八景之一"轩辕柏"，山东泰山岱庙的"汉柏"，苏州冯异祠的"清、奇、古、怪"四株古桧和山东泰安孔庙的古桧等，都是千年以上的侧柏或桧柏古树。

草坪也是园林观赏绿化中不可分割的重要组成部分，直到现在，人们还经常用"绿草茵茵，芳草萋萋"来形容和赞颂草地的美景。中国的园林造景一向重视利用草坪，特别是在帝王将相的亭台楼阁修建上，几乎"亭亭有花，阁阁有草"。但随着社会的发展，城市现代化进程的不断加快，草坪已从名门贵族的庭园之中，逐步进入公园、游乐场、运动场等公共绿地之内，成为现代化城市建设的标志之一。

总之，现代社会的观赏植物已成为美化人类生存空间的使者，不仅对人类生存环境的绿化、美化起着巨大的作用，而且在保护和改善人类生存环境方面也有重要的作用。

九、维护人类身体健康的基础——天然药物

随着人类生活水平的不断提

高，对维护人类健康的药物需求将有大幅度的增加。在人类对合成药物的毒、副作用有了充分认识和"回归大自然"思潮的影响下，对取自动物、植物的天然药物将会更加青睐，并将由此进一步推动天然药物资源的开发工作。

在人类历史的发展长河中，都经历过天然药物的利用阶段，并由此总结出传统的药物学知识。中国是传统医药发展最早和保存最好的国家，自有文字以来，就有药物学方面的知识记载，而《本草纲目》更是我国医药学知识的宝库。经过几千年的发展，我国的传统医药学逐步趋向于形成完整的应用体系，是当前世界上起源最早、发展最完善、保存最好的民族传统医药学宝库，并对中华民族的繁衍生息起到了十分重要的作用。

在中国除了传统的中医药外，其他少数民族如藏、蒙、维、傣等民族，在长期的生活实践中也都积累了自己特有的药物种类和用药习惯，形成了不同的民族医药学知识。此外，世界上还有许多国家和民族，如埃及、印度、希腊、古罗马、阿拉伯等，也都有较完善的传统医药学知识和较悠久的天然药物开发利用历史。

从中药材品种的来源上看，主要由植物、动物和矿物三类构成。据我国中药资源普查结果显示，目前全国中药资源1.2807万种，其中植物类药物1.1146万种，占87.03%；动物类药物1581种，占12.34%；矿物类药物80种，占0.63%。由此可见，我国的天然药物资源十分丰富，可利用的种类已达万种以上。

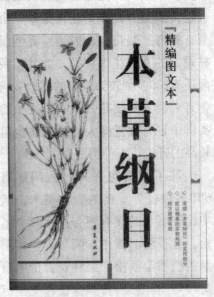

现代人整理的《本草纲目》

从传统中药的应用上看，我国的传统药物可分为解表、泻下、清热、化湿、祛风湿、温里、安神、平肝息风、理气、理血、补益、消导、止咳化痰、收敛、驱虫等不同类型。并且在具体应用上，还需要在中医药学理论指导下，各种药物配合使用，以充分发挥不同药物的药性和功效，形成一个功能整体。

我国的中药资源不仅种类繁多，应用范围较广，而且储量也较大。据统计，我国的野生药用动、植物总储量可达数百亿千克，年收购量达7亿千克（包括家植和家养品种）。储量之大，利用量之多可谓世界之首。但我国人口众多，人均药材占有量仅在0.6千克左右，又远低于世界的平均水平。

这一状况导致了某些药材品种的紧缺，已开始严重影响中药方剂和成药制品的质量和疗效。此外，随着人民生活水平的不断提高，以及世界各国人民对天然药物的逐步信赖，使天然药物（包括保健类药物）的需求量也不断增加。因此，在我国天然药物资源的开发利用过程中，也存在着开发利用与保护更新并举的必要。

据统计，目前我国有485种常用中药、民间药、民族药和药用原料植物，需要进行引种栽培或就地保护。一些名贵的药材或药用原料植物已成为国家重点保护的珍稀濒危植物，如人参、银杏、刺五加、三七、雪莲、杜仲、黄芪、黄连、黄柏、天麻、平贝等。在药用动物中，属于重点保护的种类所占比例更大，其中较为主要的药材品种就有虎骨、鹿茸、麝香、犀角、羚羊角、熊胆、穿山甲、蛤蟆油、蟾酥、乌梢蛇、金线白花蛇等。

为了保护我国濒危状态的名贵药材品种，必须在开发和保护更新方面做进一步

中草药之一的"天麻"

的深入研究。首先，对现处于濒危状态的药材品种进行就地保护和迁地保护，严格控制或者禁止对已处于濒危状态的药材品种的利用；同时还应加强对濒危药材替代品的开发研究。一方面保证中药及其制品的疗效，另一方面还可增加新的药物资源。

十、菌类在自然界中的重要性

（一）一分为二看细菌

俗话说："病从口入。"这指的是有害细菌进入人体，就会引起疾病，告诫人们要注意饮食卫生。饭菜变馊，牛奶变质，都是细菌造成的。因此，细菌给人们留下了极坏的印象。

其实，细菌种类很多，有的是"捣蛋鬼"，有的则是"造福者"。目前，人们认识的细菌，已达1400种之多。

细菌是一类生命力极强、分布广泛的生物，岩石、土壤、水体、空气以及生物体中都能找到它的踪迹，可谓"无处不在、无孔不入"。

土壤里生活的细菌占土壤中微生物总数的70%～90%，它们能将动物、植物残骸分解成能被植物直接利用的营养物质；生活在岩石上的细菌，能将岩石腐蚀、分解成矿物养分，供植物吸收利用。这些细菌是自然界生物链中的重要环节，如果缺了它们，地球上真要"尸骨如山"了。

细菌可谓"功过"参半。有些细菌专以其他生物活体，如动物、植物等为"营"，因此，有的会给人体以及动物、植物带来危害，有的却是不可缺少的。

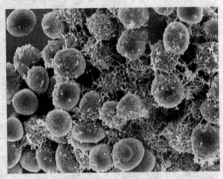

显微镜下的细菌

细菌个体很小，直径只有0.3～2微米，但它们的繁殖速度却快得惊人，在适当的条件下，每15～20分钟即裂殖一次，1个菌体一天就能产生出241万个新个体！没有像植物一样的维管束系统。不过，它们具有真正的细胞核和固定的细胞壁。

（二）切莫谈菌色变——共生真菌

提到微生物，尤其是与"菌"字沾边的微生物，人们自然就会想到"疾病"。事实上，自然界中许多种"菌"，却是有益而无害的。

豆科植物的根上就有一种特殊的真菌，它可以将空气中的氮固定到体内，成为豆科植物的氮肥供应者。其实，不光豆科植物，许多林木都与真菌有这种互惠互利的关系，这种关系叫共生，具有共生真菌的植物根系叫菌根。

菌根对植物具有多方面的综合作用。它既不同于一般的有机肥料，也不同于植物激素和生长调节剂，而是通过菌与植物两个生物体之间在长期共同进化过程中形成的固有的共生特性，综合调控植物的代谢活动，增强植物免疫力和抗逆性，提高植物对土壤养分的利用率，改善植物体内养分状况，提高土壤活性，改良土壤理化性质，从而保证其成活与茁壮成长。

目前，已知的菌根类型主要有7类，外生菌根是其中之一，也是目前人们认识、研究和利用最多的一类；另外还有一类菌根——内生菌根，也是重要的菌根类型，如Va菌根。世界上90%的显花植物的根都会形成内生菌根Va，超过形成其他类型菌根的植物总数。因此，Va菌根具有更广阔的发展前景。

菌根

（三）地球"清洁夫"——腐生真菌

营腐生生活的真菌叫腐生真菌。腐生真菌体内具备一种水解酸，具有极强的水解作用，是食物链中的分解者，既可以分解糖类、淀粉和纤维素等碳水化合物，又能分解蛋白质和脂肪等大分子有机化合物。腐生真菌以动植物残骸为生，它们与细菌一道，将动植物残骸分解成简单的化合物，因此，又被称为地球上的"清洁工"。

腐生真菌数量多，在土壤中，

每百克就含有几千甚至几十万个。腐生真菌多为好氧性的，主要分布在土壤表层。水体和大气真菌种类繁多，水生真菌有鞭毛菌、接合菌、单毛菌、节水霉、水绵和水霉等；大气真菌主要是真菌菌丝的碎片和孢子，如枝孢、子囊孢子等，以及能够在40℃以上和−10℃以下生长繁殖的嗜热真菌、喜冷真菌。

十一、你知道生物多样性对我们有哪些价值吗

对于人类来说，生物多样性具有直接使用价值、间接使用价值和潜在使用价值。

直接价值生物为人类提供了食物、纤维、建筑和家具材料、药物及其他工业原料。单就药物来说，发展中国家人口的80%依赖植物或动物提供的传统药物，以保证基本的健康，西方医药中使用的药物有40%含有最初在野生植物中发现的物质。例如，据近期的调查，中医使用的植物药材达1万种以上。

生物多样性还有美学价值，可以陶冶人们的情操，美化人们的生活。如果大千世界里没有色彩纷呈的植物和神态各异的动物，人们的旅游和休憩也就索然寡味了。正是雄伟秀丽的名山大川与五颜六色的花鸟鱼虫相配合，才构成令人赏心悦目、流连忘返的美景。另外，生物多样性还能激发人们文学艺术创作的灵感。

间接使用价值是指生物多样性具有重要的生态功能。无论哪一种生态系统，野生生物都是其中不可缺少的组成成分。在生态系统中，野生生物之间具有相互依存和相互制约的关系，它们共同维系着生态系统的结构和功能。野生生物一旦减少了，生态系统的稳定性就要遭到破坏，人类的生存环境也就要受到影响。

野生生物种类繁多，人类对

美丽的湿地

它们已经做过比较充分研究的只是极少数，大量野生生物的使用价值目前还不清楚。但是可以肯定，这些野生生物具有巨大的潜在使用价值。一种野生生物一旦从地球上消失就无法再生，它的各种潜在使用价值也就不复存在了。因此，对于目前尚不清楚其潜在使用价值的野生生物，同样应当珍惜和保护。

造物主的鬼斧神工，是用平衡维系我们这个地球的存在与演进的。平衡，这两个很普通的字眼，却主宰着宇宙间的万事万物。

人的身体机能失去平衡，就要得病甚至死亡；

一个地方的生态失去平衡，别的地方也会品尝苦果；

整个生态失去平衡，人类整体的生存环境就会恶化……

人们已逐渐认识到，人类并不是地球的主宰，野生动物和人类一样，都是生物链中的一环，都有着生存的权利。对野生动物的残忍，就是对生命的漠视，保护野生动物，就是保护我们的生态环境，保护人类自己。所以，关爱野生动物，弘扬人的善心，是在更深层次的意义上体现出人类关怀自己的生存与发展，改善动物处境的同时，

也完善了人类。

十二、人与自然要寻求共同发展

人类错误地自命为地球的主人，他们忘记了大地是他们的母亲，这个母亲还孕育了他们的兄弟姐妹们，即种类繁多、形态各异的动物、植物和微生物，它们和人类一起，构成了一个生物大家庭或说生物联合王国。

生存环境具有互为因果的复杂关系。就生物界或者说生物圈而言，无论是天上飞的、地上走的，还是看似无知无识的一草一木，都有着相生相克的影响。尤为明显的是，从局部来看，它们甚至是一荣俱荣，一枯俱枯，同生死，共存亡；若从全局来看，只要时间充分，事态的发展将证明它们无例外遵循的是牵一发而动全身的同一个道理。

一篇题为《生存之链》的文章中所列举的两个实例，就非常生动地表明了这种状况：

"在太阳冉冉升起的次日早晨，你也许面对着一个物种几乎消失殆尽的世界。今天，如此之多的

生物正处在需要人们作出艰苦努力才能拯救它们的危险境地。

我们这个星球交织着巨大的生存之链，生物物种的名单上不仅包括4500种哺乳动物和4万种其他脊椎动物，还包括多达25万种植物以及至少数百万种无脊椎动物（其中绝大多数是昆虫）。处于灭绝边缘的生物有99%，是由于人类的活动破坏了它们的家园。生存之链环环相扣，相生相克，一旦一个环节出现故障，就会形成连锁反应。

一种被称为渡渡的鸟类曾栖息在印度洋毛里求斯岛上。1510年，第一批欧洲人登上这片岛屿后，到处捕杀，不久，渡渡鸟便绝种了。

数百年来，岛上居民并未感到缺少这种鸟类有何异样。但是，最近有报告表明，该岛一种平均生长期为几百年的珍贵树种正在消失。原因是其带有硬壳的种子，若无渡渡鸟嗉囊的磨蚀软化就不能正常发芽。

1904年，开挖巴拿马运河灌水后，几十平方英里的灌木林与世隔绝，形成一块孤岛。由于狮、虎及鹰等大型猛兽猛禽因地方狭小而不能容身，致使野猪、浣熊、猴子和鼠类数量大增。它们将鸟巢、鸟蛋、雏鸟一扫而光，18种鸟类在这个最后的避难所中迅速绝迹。

生物学家已知的粗略数字是，某一物种的灭绝，通过连锁反应，

巴拿马运河

会导致其他10~30种物种的灭亡。据估计，到20世纪80年代末，人类很可能不得不每隔1小时就要同一种生物相惜别；而至2000年，会有生物种类的1/5过早地埋葬在地球上。"

文中"一种平均生长期为几百年的珍贵树种"，所说的就是大颅榄树。

原来，在1681年最后一只渡渡鸟被残杀后，奇怪的是，渡渡鸟喜欢栖息的大颅榄树就像患了不孕症，不见发芽生苗，以致丛林日渐稀疏，风光不再。20世纪80年代，这一毛里求斯特产的树种竟然只剩下可数的13株了。

对其现象一直深感迷惑和焦虑的科学家们终于在1981年有了突破。

这一年，美国生态学家坦普尔来到了毛里求斯，他通过测定大颅榄树的年轮后发现，所有大颅榄树的树龄都在300年以上，即恰恰是渡渡鸟灭绝300周年之前。他进而注意到渡渡鸟遗骸中有大颅榄树的果实，由此他推断大颅榄树的果实必须经过渡渡鸟的嗉囊，坚硬的果壳被消化磨损，在种子排出体外时才能破壳而生根发芽。于是科学家实验以吐绶鸡取代渡渡鸟来吃大颅榄树的果实，获得了成功，破解了谜团，大颅榄树终于绝处逢生，暂时躲避了灭绝的命运。

第五章
我们怎样才能将它们挽留下来

一、人与自然需要约定

《濒危野生动植物种国际贸易公约》（简称《CITES公约》）管制了野生动植物的国际贸易。为什么我们要控制濒危野生动植物的国际贸易呢？一是野生动植物国际贸易量大。20世纪70年代初全球每年出口750万只活鸟，20世纪80年代每年更达200万～5亿只活鸟。中国台湾每年出口150万～5亿万只蝴蝶，价值200万～3000万美元。20世纪50～60年代，全球每年消耗5万～1000万张鳄鱼皮。野生动植物的国际贸易量之大，导致一些野生动植物资源的枯竭。二是野生动植物单位价值高，野生动植物及其制成品成为财富的象征，高额利润导致过度开发和有组织走私。三是过度开发导致许多野生动植物濒临灭绝，危及了许多野生动植物的生存，从而导致了生物多样性危机。于是，濒危野生动物及其产品成为国际贸易管制的对象。

到目前为止，《CITES公约》已先后召开了14次缔约国大会，通过了500余项决议，已有5000多种动物和2.5万多种植物被列入《CITES公约》附录，使得全世界范围内60%～65%的野生动植物贸易得到了有效控制，成为控制野生动植物及其产品的国际贸易的一个最为有效的措施，并具有国际社会公认的权威性和广泛影响。

《CITES公约》的基本原则是可持续利用野生动植物资源。《CITES公约》通过每一个缔约国设立的科学机构和管理机构，发放许可证和证明书等一系列制度来保证公约的有效执行。《CITES公约》中的国际贸易包括濒危物种标本的进口、出口、再引入和从海上引入。所谓濒危物种标本是濒危野生动植物种国际贸易公约使用的一条广义的术语，它包括活的或死的动植物个体、可辨认的部分或其衍生物。《CITES公约》中的贸易除了跨越国界的贸易之外，还包括从公海的引入，如座头鲸、金枪鱼的捕捞属于《CITES公约》定义的"海上引入"。

金枪鱼

为了履行《CITES公约》，各国《CITES公约》科学机构必须及时掌握各国野生动植物资源的现状，监测野生动植物的国际贸易，在保证野生动植物资源的可持续利用的前提下，管制那些由于大规模开发和国际贸易而导致"经济灭绝"的物种。因此，《CITES公约》集中各缔约国的行政和科学力量，促进了野生动植物资源的保护、生物多样性的保护以及生物资源的可持续利用。所有受到和可能受到贸易的影响而有灭绝危险的物种列入公约附录Ⅰ，严格管制这些物种的贸易，以防止贸易进一步危害这些物种的生存。

各缔约国建立管理机构与科学机构，对公约附录物种实行进出口许可证管理。

任何一种附录Ⅰ物种标本的出口，必须由出口国的科学机构认定，该项出口不致危害该物种的生存；出口国的管理机构颁发该标本的出口许可证，进口国的管理机构颁发该标本的进口许可证。

附录Ⅲ所列物种标本的贸易，管理机构发给出口许可证；附录物种出口时，在海关交验出口许可证。

在本国管理机构注册的科学家之间或科学机构之间进行非商业性的出借、馈赠或交换的科学标本，附有管理机构出具标签时，可以进出口，动物展览、植物展览在没有许可证或证明书的情况下可以跨国运输。

到目前为止，《CITES公约》成为控制野生动植物及其产品的国际贸易、保护生物多样性的一个最为有效的措施，并具有国际社会公认的权威性和广泛影响。《CITES公约》在国际上被认为是目前生物多样性领域中可操作性最强的一项国际条约。

姥鲨

在《CITES公约》第十二届和第十三届缔约国大会上，《CITES公约》有了新的发展。例如，经过有关提案国10年的努力，拉丁美洲的桃花芯木在第十二届缔约国大会上被列入公约附录Ⅱ中，对其贸易进行规范管理，以让那些已经因非法贸易受到损失的原产国受益。这是《CITES公约》第一次将木材纳入该公约的附录。此外，在《CITES公约》第十二届缔约国大会上，还将鲸鲨和姥鲨列入了附录Ⅱ。鲸鲨是世界上最大的鱼类，可以长到20米长、34吨重。由于其肉、鳍（鱼翅）、肝油一直是世界渔业贸易中的对象，其数量在逐年下降。姥鲨是迁徙频繁的鱼类，由于其肉和鳍可食用而大量捕获和猎杀。

第十二届濒危野生动植物种国

际贸易公约缔约国大会还将亚洲的26种龟鳖列入了公约附录Ⅱ。这些龟绝大部分源自南亚、东亚和东南亚，大量地食用或入药及在世界宠物市场被消费。由于非法捕捉、贸易和栖息地的丧失，近年来，这些龟鳖的数量在逐减少，其生存受到国际贸易的影响。

在第十三届濒危野生动植物种国际贸易公约缔约国大会上，缔约国将海马贸易列入管理范围。由于过度捕捞、污染和沿海地区的发展所造成的生存环境的破坏，海马的种群数量已经到了令人关注的下降阶段。由于逐步增长的传统医药的需求、宠物市场、旅游纪念品和古玩市场的需求，在20世纪90年代初，每年至少就要从野外捕获2000万只海马，而且贸易量每年递增8%～10%。因此，有32种海马被列入《CITES公约》附录Ⅱ。

在对非洲象加大保护力度的同时，第十三届濒危野生动植物种国际贸易公约缔约国大会有条件地准许博茨瓦纳、纳米比亚和南非三国一次性出售其合法登记的库存象牙。此外，大会通过决议，严格限制商业性开发海龟、玳瑁、鹦鹉和深海鳕鱼等野生物种。

根据2004年秋天《CITES公约》第十三届缔约国大会通过的提案，CITES公约秘书处对其附录物种作了修订，颁布了该公约3个新的附录，这3个新的附录中收录物种总数约3.3万种，其中动物约5000种，植物约2.8万种。

在新版的《CITES公约》附录中，中国列入该《CITES公约》附录的野生动植物总数为1999个物种，占《CITES公约》附录物种总数的约6%。

除了控制野生动植物的合法贸易之外，打击濒危野生动植物的非法贸易也是《CITES公约》的一项重要任务。冷战以后，各国的边界陆续开

藏羚羊

放，互联网使得世界成为一个整体，人们只要在计算机前点击键盘即可获得各种各样的信息，世界的贸易量大增，有组织的跨国犯罪也在上升。跨

国犯罪组织通过野生动植物走私获得了高额利润。这种走私的组织与毒品走私组织没有多大区别，他们组成由资源国的非法盗猎、采集者与消费国的非法销售商的网络，常常拥有现代化的交通工具、先进的联络和猎具。

二、为动物们创建天然的乐园

（一）大熊猫的乐园

举世闻名的大熊猫是我国独有的奇珍异宝。它那毛茸茸、胖乎乎的体态，黑白相间的毛色，温驯的性格，笨拙的举止，给人们带来了无限快慰和欢乐。1961年"世界野生生物基金会"成立时就以大熊猫为会徽。大熊猫成了世界自然保护事业的象征。

作为物种，大熊猫的历史比人类还要古老。远在300多万年前，它们便活跃在半个中国的土地上，北起河北，南到贵州、云南和广西，都曾留下了它们的足

迹。在有历史记载的年代里，它们仍在黄河以南广为分布，直到2000年前，河南、湖北、云南及贵州等地还能看见它们的倩影。可是，随着古代几次冰期的摧毁性侵袭，以及现代人口的剧增，森林被砍伐，竹丛被破坏，山地坡土被开垦，使大熊猫分布区逐渐缩小，以致百年前还见于川东、20世纪40年代尚活跃于峨眉一带的大熊猫，如今已经绝迹。目前，大熊猫已为数不多，其种群总数1000只左右。

大熊猫

为了寻找最后的生活场所，大熊猫不得不退缩到四川、陕西、甘肃交界的山区。这里山高坡陡，沟谷深邃，古木参天，竹林茂密，实在是大熊猫生存繁衍的天然乐园。

（二）"水中熊猫"——白鳍豚的安全港

能与大熊猫媲美的国宝——白鳍豚，是中国特有的珍贵稀有水生哺乳动物，其历史悠久，数量稀少，有"古生物化石"和"水中熊猫"之称。是世界上仅有的四大淡水豚中最少的一种，仅分布于我国长江干流的中下游水域。

在距今2000万年前的中新世时代，白鳍豚的近亲——原白鳍豚就在江河中栖息繁衍。它们留恋这里优裕的生活环境，世世代代生活在长江及与其相连的一些大型湖泊和支流中。由于没有任何竞争敌手，因而进化速度极其缓慢，如今的白鳍豚仍保留了祖先的大部分构造特征，因此，它被称为"活化石"。早在前200年左右，我国古代的一部专著《尔雅》，曾首次提到一种水生动物——"暨"，说"暨"是一种同海豚相似的动物。晋代大学者郭璞为《尔雅》作注释时，具体描述了"暨"的形态特征及生理性能。而沿江两岸人民迷恋它那行踪飘忽不定的美丽倩影，以种种瑰丽、奇妙的传说，将它美化成"长江女神""东方美人鱼"。

随着历史的发展，长江经济带的崛起，工业化步伐的加快，航运业的发达，水利、电力的建设等，使白鳍豚的生存环境急剧恶化。进化史上的落后使白鳍豚在逐渐加剧的人为灾难面前几乎束手无策，生存范围越来越小，存活数量越来越少。为了保护濒危的白鳍豚，国家为它建立了一个又一个基地，比如长江天鹅洲白鳍豚自然保护区。

位于湖北省石首市境内的天鹅洲为长江的一处故道，地处石首市下游约20千米的长江北岸，故道全长20.9千米，水面面积18~20平方千米，汛期与长江相通。故道内有丰富的杂草，洪水季节为江水淹没，为鱼类提供了丰富的饵料资源，是鱼类栖息、生长、繁殖的理想场所，因此鱼的种类繁多，数量也大，从而为白鳍豚提供了充足的食物源。而且水文条件优越，水质接近长江水质而基本上未受污染。由于故道历史上曾是白鳍豚的分布区，因此保护区可成为在半自然状态下保护和恢复白鳍豚种群的重要基地。目前，保护区正在开展白鳍豚的迁地保护工作，并已成功地从长江中捕获一

只白鳍豚放养在天鹅洲故道之中。

白鳍豚是我国特有的古老孑遗物种，距今已有2500多万年的历史，在动物进化史上有活化石之

白鳍豚

称，它的奇特形态和发达的声呐系统，在军事科学、动物学、生理学、仿生学、声学等领域具有重要的科学研究价值，此外，它还具有极高的观赏价值。天鹅洲自然保护区的建立，对保护和恢复白鳍豚种群具有重要作用。

（三）活化石——扬子鳄的栖身之所

扬子鳄是我国特有的爬行动物，也是现存最古老的爬行动物，其祖先最早出现于中生代三叠纪，距今已有2亿多年，在爬行动物兴盛

的中生代，曾是地球上的"主人"之一，主宰着整个世界。到7000万年前的新生代，爬行动物大多在地球上灭绝，扬子鳄经历了爬行动物的衰败和哺乳动物的兴起，成为地球上的幸存者，故有"活化石"之称。

扬子鳄与美洲密西西比河鳄为目前世界上仅存的两种淡水鳄，非常珍贵。原来分布较广，栖息于长江中下游河流沿岸湖泊沼泽地、丘陵山涧地的芦苇、竹林及杂灌地带。距今6000～7000前，浙江余姚河姆渡一带曾有分布，直到唐代，江南诸省（浙江、江西、湖南、江苏、安徽等）仍可见到扬子鳄。当时不但分布广，数量也很多。可是，随着现代人口的剧增，大量的扬子鳄被捕杀，以其皮张鼓，谓之"鼍鼓"，优美的生境被破坏，大片的栖息地被占用，以致扬子鳄的分布区域迅速缩小，数量也急剧减少，成为濒于灭绝的野生动物之一。

为了保护扬子鳄，中国政府在野外尚残存扬子鳄的安徽省宣城地区，建立了扬子鳄国家级自然保护区。保护区地处江南古陆与金陵凹陷的过渡地带，全境气候温

暖，年均气温18℃，四季分明，春天气温多变，秋季凉爽，雨量充沛，年降水量1000毫升左右。这里地形错综复杂，沟、塘、渠、坝星罗棋布。海拔300米以下的池塘、沟冲、山洼、水库和沼泽地是扬子鳄理想的栖息之地。1983年以前，残存的扬子鳄不足500条，虽经严格保护，自然繁殖的扬子鳄发展速度仍然缓慢。为了尽快抢救、恢复和发展这一古老物种，我国政府于1983年在宣州市建立了占地100公顷的扬子鳄繁殖研究中心，经过十几年的不懈努力，人工繁殖扬子鳄已经获得成功，现在，繁殖中心已有老少三代扬子鳄4000余条，并可望每年以1000～2000条的速度增加。

1992年2月在日本国召开的《CITES公约》第八届成员国大会上，各成员国代表、《CITES公

扬子鳄

约》秘书处、鳄鱼专家组及其他许多国际组织代表，对中国拯救并人工繁殖扬子鳄获得成功给予高度评价，并表示祝贺。人类又从毁灭的边缘夺回了一种宝贵的生物物种资源。

三、为鸟类建立翱翔的王国

我国是一个有着悠久历史、灿烂文化的文明古国，自古以来就对鸟类有着特殊的情感。鸟能点缀大自然，美化自然环境，丰富人类的精神生活，"鸟语花香""莺歌燕舞"就是指鸟类点缀大自然，给大自然平添了无限神韵。羽色美丽的水中鸳鸯雌雄形影不离，被视为"爱情"和"美"的象征。"新婚燕尔"则是以梁间呢喃的双燕比喻新婚夫妇的情投意合。寿命长达六七十年的鹤则被看做是吉祥长寿的象征。古代伟大诗人曾用"两个黄鹂鸣翠柳，一行白鹭上青天"，对黄鹂、白鹭以声以色点缀自然界作了生动的描写。百灵鸟、相思鸟、小夜莺等"鸟类的歌手"以美妙悦耳的歌声，与林下花间草上飞翔的鸟儿发出的各种叫声汇成了大

自然中美妙而动人的交响乐。

鸟类不仅美化了人类的生存环境，充实了人类的精神生活，也是人类物质生活的重要来源，各种家禽为人类提供了优质的肉蛋食品，鸟类的羽毛可做羽绒服装，鸟类的粪便是优质的肥料……

（一）长岛自然保护区

在辽东半岛和山东半岛之间，有一个由32个岛屿组成的县——长岛县，素有"候鸟旅站"之称。全县几大主要岛屿，如南北长山、南北隍城、大小黑山和庙岛、砣矶岛等，森林苍翠，冈峦起伏。岛屿之间海浪阵阵，渔汛片片，岛屿岸边峭崖耸峙，礁石林立，景色清幽壮观。气候温和湿润，四季分明，却冬无严寒，夏无酷暑。这就是举世闻名的长岛国家级自然保护区。

苍郁的植被装点着全区诸岛，座座岛屿宛如颗颗绿色宝石，星罗棋布地镶嵌于渤海海峡。它们为各种鸟类的栖息繁衍提供了良好的环境。因此鸟类资源异常丰富，全区有鸟类达240余种，其中属国家一级保护的有金雕、白肩雕等9种，属国家二级保护的有42种。在中日候鸟保护协定所列的227种鸟类中，长

岛就有196种。在这些鸟类中，最引人注目的就是猛禽了，它们无论在种类和数量上都占多数。每年候鸟迁徙季节，数以千万计的各类候鸟成群结队来岛上停歇觅食，补充能量，继续飞翔。尤其是集中迁飞的日子里，更是鹰击长空，鸥翔海隅，百鸟云集，群翔海空，蔚为壮观，堪称长岛一大奇观。

良好的自然环境和丰富的鸟类

长岛自然保护区

资源，使长岛成为我国东部沿海研究岛类迁徙规律的不可多得的胜地之一，也是我国开展鸟类环志的主要基地。目前，研究人员已为30多种鸟类、数万只个体戴上了标记，借以调查研究它们的飞行路线和栖息的行踪。

（二）升金湖自然保护区

位于安徽省池洲地区的升金湖，是东亚地区重要的水禽越冬和栖息地之一，该湖周围地形多样，湖岸曲折、湖汊众多，东南为低山、丘陵、植被类型以人工杉木林、马尾松林为主，西北为平原、圩田，主要植被为河柳、枫杨、香椿、楝树以及梨、桃等果木经济林。这里属亚热带季风气候，夏季炎热潮湿，冬季寒冷干燥。湖水水质优良，浮游植物、浮游动物及鱼、虾等水生生物资源丰富，湖区四周植被良好，为鸟类的越冬和栖息提供了很好的场所。该湖有中国最大的白头鹤越冬种群，东方白鹤越冬种群数量占全世界总数的1/8，白枕鹤、白鹤、灰鹤、大鸨、白琵鹭、黑鹳、小天鹅等国家重点保护动物数量也占有相当大比例。升金湖亦是东亚地区最重要的大型水禽雁、鸭类最重要的越冬地，其越冬总数达8万只以上。

升金湖自然保护区

生长着多种草本植物。青海特有种植物——青海固沙草集中分布在这里。湖边的草类与湖中的鱼类，为多种鸟类提供了丰富的天然饵料。

升金湖湖床平坦，水位季节性涨落。秋冬季节水位降低之后形成多种多样的生境。越冬水禽在各种生境中以水生植物种子、根茎、软体动物及小型鱼类为食，控制了水草的过量生长以及经济价值较低的小型鱼类产量，有利于经济鱼类的生长。同时，鸟粪留在湖中促进有机质的分解，鸟类对钉螺的取食减少了血吸虫病的发生。因此，从这个意义上说，保护这里的水禽，也就是保护了人类本身。

（三）青海湖鸟岛自然保护区

青海湖鸟岛自然保护区位于青藏高原的北部，是一处以保护鸟类及其栖息环境为主要目的的自然保护区。

青海湖是我国最大的内陆咸水湖，其周围为辽阔的温性草原，

鸟岛位于青海湖西岸，鸟岛自然保护区范围除鸟岛外，还有海西皮岛、海心山、三块石、沙岛等水禽栖息地，以及鸟岛至泉湾沿湖鸟禽栖息、觅食、育雏和越冬的湖面、滩涂、沼泽地带。青海湖的岛屿全是鸟类的世界。

鸟岛和海西皮岛原位于青海湖的西北隅，离布哈河三角洲不远，是鸟类的主要栖息地。1977年它们还是湖水环绕的小岛，但到1980年以后，则成为三面和陆地相连的半岛，鸟岛形似驼峰。每年春天群鸟飞来岛上，全岛布满鸟巢，到了产卵季节，鸟蛋一窝连一窝，密密麻麻遍布全岛，故称"蛋岛"。海西皮岛在蛋岛东侧，岛上地面平坦，生长着多种植物，岛的东部悬崖峭立，濒临湖面，岛的西部则与蛋岛连在一起。

生活在这里的鸟类以夏候鸟为主，主要有黑颈鹤、斑头雁、棕头鸥、鱼鸥、潜鸭、秋沙鸭、鸬鹚

等。这些鸟春来秋往，在这里繁衍后代。大天鹅则深秋飞来这里越冬，春天又飞往北方。赤斑鸭、绿头鸭等则为留鸟，所以这里一年四季鸟禽不断。

青海湖自然风光十分优美，是青海省著名的旅游胜地。青海湖古称"西海"，藏语称"错温波"，蒙古语称"库库诺尔"，意思是"蓝色的海洋"。湖区为大通山、日月山、南山和橡皮山等群山环抱，湖水由19条内陆河流补给。湖面烟波浩淼，一望无际。即使在炎炎夏日，湖区平均气温也只有15℃

青海湖鸟岛自然保护区

左右，气候宜人。再加上每年3～10月，有十万余只各种鸟类云集青海湖的5个小岛以及邻近的沼泽、沙滩，形成青藏高原上的一大奇观。

四、为植物们建立安全的国度

我国土地辽阔，地形地貌千差万别，气候多种多样，地质历史悠久，为各种植物的生长繁殖提供了良好的条件。在这座满目青翠的绿色宝库里，生长着高等植物3.28万种，占世界总种数的12%以上，仅次于马来西亚和巴西，居世界第三位。由于中国大部分地区未受到第四纪冰川覆盖的影响，因而保留了许多北半球其他地区早已灭绝的古老孑遗种类和特有种，有万余种，如银杉、水杉、水松、金钱松、台湾杉、银杏、珙桐、水青树、钟萼木、香果树等都是中国特有的珍贵树种。保护好这些大自然的宝贵财富，是我们义不容辞的责任。我国已先后建立了银杉、苏铁、珙桐等珍稀植物保护区，使濒临灭绝的珍贵树种，得到了有效的保护。

（一）温带森林的瑰宝——长白山自然保护区

坐落于吉林省境内东南部中朝边境的巍巍长白山，以它粗犷的神韵，完整的生态系统，丰富的生物资源享誉中华，驰名中外。它的精髓——长白山自然保护区就像一颗璀璨的明珠镶嵌在长白山的心脏地区，把巍峨的奇峰、神秘的天池、高悬的瀑布、独有的高山冻原、浩瀚的林海、奔腾而去的峡谷激流、热气蒸腾的地热景观集于一身，交织在一起。

1.巍峨壮观的火山地貌

长白山历史悠久，是一座古老的山系。今日的地貌是地质历史上经过沧海桑田、地壳变迁、火山喷发长期发展演变的结果。整个保护区的地貌自下而上由玄武岩台地、玄武岩高原和火山锥体构成。长白山现在的地貌是由大约距今200万年的一次剧烈的火山运动后形成的。这次喷发是中心式喷发，即通过地下一条长而圆的火山颈喷发。喷出的岩浆和碎屑物堆积在火山口周围形成了巍峨壮观的火山锥体。火山

喷发的中心，也就是火山口在后来由于积水而成为今日的天池。天池周围有岩体斑驳、姿态万千的山峰罗列，其中西侧的白云峰海拔2691米，正如地方志所述，"直播云霄，白云触石而过，终日不散"，是我国东北地区第一高峰。

2.百里不同"天"

由于受自然条件的综合影响，在长白山自然保护区，随海拔高度的增加，自然景观呈现明显的变化规律。由下而上，气温逐渐降低，自然景观也十分不同，从植物的生长上看分别分布着红松和一些阔叶树林、云杉和冷杉林、岳桦林和高山冻原植株。在水平距离50千米的路程中，就好像经历了由我国北方的温带到北极圈上万公里的自然景观变化。在这里所反映的是欧亚大陆上由温带到寒带主要植被类型的缩影。

在红松阔叶林带里，森林内古木参天，荆藤飞舞、花草茂盛，各种树木姿态万千。这里是世界上典型红松阔叶林的唯一残留地。

红松阔叶林内环境适宜，食物丰富，野生动物种类繁多，如"山中王"东北虎，文静美丽的梅花鹿，全身是宝的马鹿，珍贵毛皮兽猞猁，凶猛的黑熊、野猪等，濒

危稀有的中华秋沙鸭，"爱情鸟"鸳鸯等，在这葱葱的密林里欢腾雀跃，引吭高歌，呈现出一派生机勃勃的自然景观。

在云冷杉林带内，苍松密如蒿麻，针叶遮天蔽日，林内阴暗潮湿，还常伴有弥漫的云雾。这里灌木和草本植物稀少，但苔藓植物却很茂盛，人们称之为苔藓的世界。最引人注目的要算松萝和枝藓了。它们挂满枝头，犹如罗纱，随风飘荡，婆娑起舞。在这里我们很少见到东北虎、梅花鹿、黑熊、野猪等在红松阔叶林带里经常出没的动物，取而代之的是紫貂、棕熊、啄木鸟、黑琴鸡等动物种类。再往前走，到了亚高山岳桦林带。这里山势陡峻，气候寒冷，土地瘠薄，风力较大。由于自然条件恶劣，高大挺拔的树木已经绝迹，连能抗严寒、傲风雪的松树也销声匿迹了，唯有岳桦在此安营扎寨，成片生长。不过由于环境的严酷，生活的艰辛，岳桦已失去了一般桦树那种清秀挺拔的雄姿，变得主干矮小扭曲，体形弯弯曲曲，显得老态龙钟。越往高走，岳桦愈加矮小弯曲，在迎风坡上，由于风吹雪压，树干整齐地向着背风面倾斜、几乎匍匐在地。这里的动物种类更加稀少，常见的有花鼠、高山鼠、兔等。夏季到来，大型兽类也常来避暑，个别的夏季候鸟也来光顾。

3.三江之源

长白山地处东北地区最高处，是东北地区降水最多的地区。长期以来由于雨水的冲刷，形成了放射状的大小水溪，是第二松花江、鸭绿江和图们江的发源地。地表水和地下水汇集，以白山头为中心，向西、向北汇成第二松花江，向南、西南汇成鸭绿江，向东、东北汇成图们江。

松花江在与发源于大兴安岭的嫩江汇流之前叫第二松花江，是吉林省内最大的一条河流。它有东、西两源。东源二道江主要发源于白头山北麓，而第二松花江的正源——二道白河源于天池。天池四周群峰环抱，唯有北侧天豁、龙门二山峰间有一缺口，池水经此外溢，穿流在高山峡谷之中，称之为天河，又叫乘槎河。流程在1250米时，突遇断崖，形成高达68米的著名长白瀑布，河水下跌后，白浪滚滚，奔腾而去，穿流在茫茫林海之中，这就是二道白河。

有诗赞曰：

天池水，云中游。

溢漫牛郎渡，乘槎问牛牛。

吻别天豁龙门，瀑落九州。
举世无双，天际第一流。

西源头道江与东源二道江汇流后，始称第二松花江。

松花江

鸭绿江和图们江都是中朝两国的界河。鸭绿江源于白头山南麓，向南、西南流入黄海。图们江发源于白头山东北麓，向东北方向经朝俄边界流入日本海，其支流红土水源于红土山。山下有布里瑚黑湖，又叫园池，是传说中天上仙女佛库伦在园池沐浴后吞朱果、生龙子取名爱新觉罗·布库里雍顺的地方。故此，金、清王朝视长白山为祖先的发祥地。

"三江"河源在长白山自然保护区的保护下，山高林密，降水丰沛。繁茂的原始森林植被，保持着水土，涵养着水源，是个巨大的生物蓄水库，使得"三江"径流丰富

而稳定。一池高湖天水，滔滔三江源流。正是源远流长的三江之水，哺育着我国东北大地，造福中朝两国人民。

4.纷繁多样的动植物资源

处于长白山腹地的长白山自然保护区面积广阔，自然条件复杂，生物类型多样，野生动植物资源十分丰富。据不完全统计，全区有野生植物2540多种，野生脊椎动物364种。正如一位著名的外国专家所描述："长白山是同纬度带上原始状态保存得最好、生物物种最丰富的地区。从英国北部、加拿大起往东的这个生物链条，越往东，生物种类越丰富，长白山恰恰在这个链条的最东端。"这里有几亿年前的遗留种，如红松、紫杉、云杉、冷杉、水曲柳、黄菠萝、胡桃楸、榆、椴等珍贵树木；有随冰期南移而滞留下来的植物种，如笃氏越橘、圆叶柳、倒根蓼等；有间冰期由暖温带北移的植物种，如小花木兰、北五味子、山葡萄、猕猴桃等。有的属于朝鲜和日本的东洋植物种，还有许多这里特有种，如挺拔秀丽、婀娜多姿的长白松，人

们称之为美人松；被誉为"爬山冠军"、分布在白头山最上限的高山罂粟；柳树世界的"侏儒"——匍匐小灌木长白柳等。这些孑遗的"坐地户"和南下的、北上的、东进的、特有的众多植物种类、区系成分交会在一起，构成了长白山特有的绿色植物世界，丰富了保护区内的野生植物资源。

浩瀚的原始森林和丰富的植物资源，为野生动物的栖息繁衍提供了优越的生存条件，使长白山自然保护区又成为野生动物的乐园。这里拥有的陆栖脊椎动物占吉林全省该类动物总数的66%。许多久负盛名的毛皮兽，可为人们提供皮柔毛丰、富有弹性、轻便耐用、质地优良的毛皮；动物性药材，是人们医疗保健的上乘佳品；观赏动物，可以丰富人们的文化生活；食用野生动物，又是人们传统的美味佳肴。200多种鸟类的绝大多数是食虫鸟，可吞食大量的森林害虫，是长白山森林的忠实卫士。其他各种野生动物也都是森林生态系统中不可缺少的成员，在缤纷的生物世界里各自扮演着重要的角色。

5.景色万千的旅游地

长白山自然保护区是个雄伟壮观、景色绮丽的游览佳境。保护区内松涛阵阵，绿浪迭起的森林景观，云雾缤纷的高山湖泊，倾珠泻玉、气势磅礴的高山瀑布，星罗棋布、金碧辉煌的长白温泉群，以及多姿多彩的野生动植物世界，都以它们特有的自然魅力和鬼斧神工之韵把人们带进了浓墨重彩的巨幅画卷。无限的诗情画意，柔柔地荡漾在长白山之巅、三江之源。

（1）长白山天池

长白山天池坐落在长白山顶，周围群峰环抱，峰峦起伏；湖面一平如镜，微波荡漾；山水相映，岩影波光，具有"处处高山镜里天"之美。湖水清澈幽深，深不见底，是最深的湖泊，又是我国最高的火口湖和我国东北第一高山湖泊。长白山天池的整个湖面略呈椭圆形，南北长4.4千米，东西长3.3千米，水边周长13.1千米，平均水深204米，最深处达373米。它的水源分别来自大气降水和地下水，其中60%来自大气降水，40%源于地下水。许多优美动人的神话、历史和现实的"怪兽"之迹每年都吸引着大批中外游客，并常使他们流连忘返。

有诗颂曰：

喜眺奇峰雾霭间，

惊俯深壑碧波旋，

长流不息友谊水，

长白山天池

雄伟壮丽"三江源"。

（2）奇峰异石

长白山巍峨壮观，奇峰林立。在天池西偏北部，有一座圆浑高大、临池耸立、磅礴雄伟的山峰。远望白云触石而过，直耸云霄。天晴时，但见群峰皆露，独此山峰烟雾缭绕，终日不散。这就是海拔在2691米的东北最高峰——白云峰。

在天池北偏东部，有一座顶部像鹰嘴的峻峭山峰破石而出，伸向天池，它就是天豁峰。在天池西偏北方，有一草甸，形圆如盘，有热气从地下冒出，每至严冬，其他山峰白雪皑皑，唯此峰独露。峰上生有灵芝草，故称之为芝盘峰。芝盘峰的背坡坡度平缓。谷溪众多，植物生长茂盛，是动物夏季活动集中的地方。另外，还有玉柱峰、白岩峰、龙门峰、赛棋峰等奇峰异石，群峰形态各异，错落有致，为长白山自然保护区增添了无限风采。

（3）飞沙走石的"黑风口"

长白山并不总是温文尔雅，有时它也狂风怒吼，大发雷霆。在长白山北侧登山的必经之地，有一峡谷，它与二道白河、长白瀑布对峙。谷底至崖顶高差近500米，犹如两扇天然的屏风。风和日丽之时，仰望悬崖陡峭，飞瀑高悬；俯视温泉，热气腾腾；二道白河，浪花翻滚。一旦天地上空风起云涌，这里便飞沙走石，刹那间，天昏地暗。如若此时攀石而过，则有被狂风卷走的危险。

（4）地下森林

我们平常所见到的森林大多生长在山上，绝少听说过地下森林之说。在长白山有一片火山口森林。火山口谷壁50～60厘米，谷底生长着针叶林。从上向下看，绿浪滚滚，林海涛涛。这就是举世闻名的地下森林。

巍峨的奇峰异石、潺潺的峡谷

长白山地下森林

溪流，高悬的飞瀑，浩瀚的地下森林，清澈幽深的天池，丰富的动植物资源和独特的自然生态系统浑然交织在一起，使长白山国家级自然保护区成为温带森林的绿色瑰宝。

（二）呼中自然保护区

在连绵不断的大兴安岭之中，有一块绿色宝地，它就是国家重点保护的寒温带针叶林区——呼中自然保护区。该保护区始建于1963年，是我国北部最大的寒温带原生落叶松自然保护区，总面积1672平方千米。境内层峦叠嶂，地形复杂，乔木参天，灌木丛生，河流交错，花香飘溢。

1.奇特的自然景观

在保护区的大白山中有三大特殊的自然景观。其一是惟妙惟肖的"老头树"。它们通常分布在海拔1300米以上，由于山高风大，气候严寒干燥，土壤贫瘠，从而使得原本高大挺拔的兴安落叶松出现了明显的矮化现象。往往七八十岁的植株，才长到3.5米高，直径仅为2.7厘米，犹如一个个长命百岁的小老头，看上去别有风味。

"石海"是大白山又一奇特景观，这是一种特殊的生态植株类型，分布在海拔1100米左右的阳坡上。一片片由直径30～70厘米的岩石块组成的碎石坡，岩石上附生有几种壳状和枝状地衣，局部小面积区域偶尔也生有一些维管束植物。

这一片片开阔的碎石坡犹如湖泊点缀在崇山峻岭之中，所以形象地称它们为"石海"。

宛如孔雀开屏的偃松树丛也不甘落后，怒放于大白山之中，与其他花木争奇斗艳，成为大白山的又一奇观异景。

2.珍贵的动植物资源

呼中自然保护区拥有丰富的动植物资源，其中国家重点保护的珍稀植物有东北岩高兰、樟子松、钻天柳、黄芪、草苁蓉等。保护区内还分布有许多具有较高经济价值的植物，除重要的木材树种兴安落叶松、樟子松、白桦等树木外，还具有相当可观的其他经济植物，如土三七、沙参、柴胡、乌头、黄芩、黄芪等药用植物；笃斯、越橘、蓝锭果忍冬、草莓、稠李等浆果植物。还有许多油料、纤维、单宁和蜜源植物、野生食用真菌的种类也

为数不少。

保护区内还有许多野生动物资源，其中国家一类保护的鸟类，如金雕和细嘴松鸡等，二类保护的鸟类，如大天鹅、苍鹰、雪鹗等；一类保护的兽类，如貂熊、紫貂等，二类保护的兽类，如棕熊、猞猁、雪兔、水獭等。此外，保护区内还有不少的两栖类、爬行类和鱼类等动物资源。

呼中自然保护区是夏日避暑的良好去处。它那奇特的峰石、郁郁葱葱的森林、慈祥的"老头"无时不在欢迎着来自远方的客人。

（三）中原明珠——宝天曼自然保护区

在河南省西南部，秦岭山系的伏牛山南麓，有一块被誉为"中州绿色明珠"的天然生物物种基因库，它就是河南省内乡县境内的宝天曼国家级自然保护区。巍峨的奇峰怪岭、涓涓的峡谷溪流，高悬的飞瀑、浩瀚的林海，千姿百态的自然景观、独具特色的生态系统、丰富多彩的物种资源浑然交织在一起，使其成为中原神州的一块绿

貂熊

色宝地。

因处于我国南北森林动植物带过渡区域，区内气候温和，年平均气温15℃，四季分明。区内森林茂密，山势陡峭，山峦重叠，切割层次较多，悬崖峭壁随处可见。最高峰宝天曼海拔1830米，雄奇险峻，充满了原始的韵味。

保护区地处国土南北分界线上，地理位置特殊，自然条件复杂，正是大自然对它的偏爱，形成了这里东西南北中多种植物兼容和并存的奇观。这里有属东北成分的水曲柳、青榨槭、辽东鼠李、辽细辛等；属西北成分的西北枸杞子、甘肃海棠、大果青杆等；属华北成分的蒙椴、北京忍冬、太平花、华北葡萄等；属华中成分的湖北枫杨、马尾松、枫香、红豆杉、宜昌木蓝、河南猕猴桃、河南杜鹃、河南翠雀、河南鹅耳枥等；另外还有华南的天竺桂、银鹊树；以及西南成分的巴东林、云南枫杨、西南卫矛、铁杉、红桦、香果树、华椴、金钱槭等，植物种类异常丰富。不仅如此，这里的植物区系起源古老，可见第三纪遗留种，如秦岭冷杉、水曲柳、胡桃楸、榆和椴类等珍贵树木；躲过第四纪冰川浩劫的孑遗树种，如银杏、连香树等。

宝天曼自然保护区浩瀚的天然森林和种类繁多的植物资源，为野生珍禽异兽的栖息繁衍提供了优越的生活条件。据不完全统计，保护区内已发现有两栖类、爬行类、鸟类和兽类等大型脊椎动物201种，仅鸟类就有116种。一些久负盛名的优质毛皮兽，如豹、水獭，可为人们提供既抗严寒，又经久耐用的毛皮；药用动物，如香獐子的麝香，是医疗保健的上等佳品；观赏动物，如大鲵（娃娃鱼）、金鸡、鸳鸯可丰富人们的文化生活，陶冶情操；食用野生动物可为人们传统的"野味"锦上添花。森林里绝大多数鸟类是益鸟，不仅啄、吞食大量的森林害虫，而且为多种植物传播种子，是宝天曼森林生态系统食物链上的重要一环。

娃娃鱼

无脊椎动物的种类也很丰富，有3000多种，其中蝶类160种、蜘蛛

108种。在已采集到的蜘蛛标本中，有5个是中国的新纪录，3个是新发现品种。

宝天曼自然保护区周围群峰林立，峰峦起伏，岩影瀑光，山水相映，一年四季均有鲜花盛开。这里有花卉植物550种之多，野生的山杏、山桃花点缀满山遍野；花中之王——牡丹，争奇斗艳；花中君子——兰花，抖擞雄姿；花中皇后——月季，香味四溢；花中强者——杜鹃，一树千花，鲜红夺目；花中英雄——菊花，傲秋迎雪。四方游客常会沉醉于这花的世界、美的享受之中。

（四）八大公山自然保护区

位于湖南省桑植县境内的八大公山，是以珙桐等珍稀植物为主要保护对象的自然保护区。这里地形复杂，山川交错，气候温和，雨量充沛。独特的气候条件和地貌环境，使八大公山成为第四纪冰川的"避难所"，许多古老植物在这里被保存下来。其中最引人注目的要数珙桐了。每到开花时节，硕大的乳白色叶状苞片迎风飘曳，好似一只只栩栩如生的白鸽，在枝头展翅欲飞，因此又被称为"中国鸽子树"。现在，它已经被引种到许多国家，成为世界著名的观赏树种之一。

保护区内除珙桐外，还有光叶珙桐、鹅掌楸、钟萼木、银鹊树、香果树、巴东木莲、篦子三尖杉、白豆杉、黄杉等30多种国家重点保护植物。药用植物1000余种，尤以竹节人参、扣子七、乌金七、金盘七、七叶一枝花、四两麻、天麻等构成了八大公山自然保护区"天然中药库"的精华。

八大公山的野生动物也很多，属于国家重点保护的有金钱豹、云豹、猕猴、毛冠鹿、苏门羚、林麝、金鸡、长尾雉和穿山甲、大鲵等。

八大公山自然保护区以林的原始、野奇，奇山怪石、碧水幽谷构成了独特的自然景观。当大地进入烈日炎炎的盛夏季节，这里却凉风习习，是难得的避暑胜地。在浩瀚的原始森林中，各种奇树异花组成了大自然美的花环，在这里游览不仅能得到美的享受，而且还可获得丰富的知识。

有林必有水，水是八大公山自然保护区的又一大奇观，流泉飞瀑，比比皆是，如月芽瀑、彩虹瀑……此外还有"醉汉林""仙人池""十六兄弟"等风景名胜点。

八大公山自然保护区是天然博物馆，是亚热带保存最完好的原始森林，正如我国著名植物学家吴征镒教授所描绘的那样：

八大公山自然保护区

天平山顶岂平平，
澧水源高溪水溪。
万木萧森自然起，
人间从此绝烟尘。

 五、为海洋生物圈出自由领地

（一）海洋保护区

海洋自然保护区是按照保护海洋生态的需要予以部分或全部保护的潮间带或潮下带的任何封闭海区，包括其上覆水体以及相关植物、动物、历史和文化特征。

20世纪70年代初，美国率先建立国家级海洋自然保护区，并颁布《海洋自然保护区法》，使建立海洋自然保护区的行动法制化。中国自20世纪80年代末开始着手海洋自然保护区的选划，现已建立各种类型的海洋自然保护区60处，所保护的区域面积近130万公顷，其中国家级15个、省级26个、市县级16个。

我国第一批国家级海洋自然保护区有5个，即河北省昌黎黄金海岸自然保护区，主要保护对象是海岸自然景观及海区生态环境；广西山口红树林生态自然保护区，主要保护对象是红树林生态系统；海南大洲岛海洋生态自然保护区，主要保护对象是金丝燕及其栖息的海岸生态环境；海南省三亚珊瑚礁自然保护区，主要保护对象是珊瑚礁生态系统；浙江省南麂列岛海岸自然保护区，主要保护对象是贝类、藻类及其生态环境。

（二）海洋特别保护区

海洋特别保护区是根据海洋区域的地理条件、生态环境、生物与非生物资源的特殊性，以及海洋开发利用对区域的特殊需要，划出予以特别保护的海洋区域。海洋特别保护区设立的宗旨是，在积极推进海洋资源、环境和空间开发的同时，维持海洋自然景观和资源再生产能力，维护并改善海区的良性生态平衡。

目前，我国共设有10个国家级海洋特别保护区，分别为江苏南通蛎蚜山牡蛎礁海洋特别保护区(2006年)、江苏连云港海州湾海湾生态与自然遗迹海洋特别保护区（2008年）、浙江乐清西门岛海洋特别保护区（2005年）、浙江嵊泗马鞍列岛海洋特别保护区(2005年)、浙江普陀中街山列岛海洋生态特别保护区(2006年)、浙江渔山列岛国家级海洋生态特别保护区(2008年)、山东昌邑海洋生态特别保护区（2007

年）、山东东营黄河口生态国家级海洋特别保护区（2008年）、山东东营利津底栖鱼类生态国家级海洋特别保护区(2008年)、山东东营河口浅海贝类生态国家级海洋特别保护区（2008年）。福建宁德市海洋生态特别保护区是我国第一个由地方政府批准建立的海洋特别保护区，其保护对象是红树林自然保护

海底生物

区、霞浦尖刀蛏增殖管养区、龟足管护区、台山列岛生态特别保护区、福瑶列岛自然资源特别保护区、日屿岛鸟类自然保护区共6个海洋生态特殊功能区。

（三）海洋生态保护区

海洋生态保护区，即海洋生态系统自然保护区，是指以海洋生物与其生境共同形成的海洋生态系统

作为主要保护对象的自然保护区。

　　海洋生态系统自然保护区主要保护不同地带典型的具有代表性的海洋生态系统及某些特有生态系统，全面保护各类生物、非生物资源。这是自然保护区中最重要也是最基本的一种类型。海洋生态系统自然保护区的建立程序，就一般的生态系统自然保护区的调查而言，在环境调查方面应包括地理环境概况、水文要素、海水化学、沉积物特征；在生物方面的调查内容包括初级生产力及浮游植物、浮游动物、底栖生物、微生物的种类组成和数量分布。另外，要根据主要保护对象增加一些特殊的调查项目。目前，国内已建立了多个海洋生态系统自然保护区，如大连海王九岛海洋生态自然保护区、荣成成山头海洋生态自然保护区、金山三岛海洋生态自然保护区、磷枪石岛珊瑚礁海洋自然保护区等。

（四）海洋珍稀濒危物种自然保护区

　　海洋濒危生物是指由于过度利用、自然条件改变、海洋污染、外来物种入侵、全球气候变化影响等原因，海洋中处于濒临灭绝境地的野生动植物物种；而海洋珍稀生物则是泛指在科学上、经济上或者人类生活上有重大意义或极其稀少的海洋生物，它包括了全部濒危的海洋物种。为使这些物种不致灭绝，世界自然保护同盟已将蓝鲸等5种鲸定为濒危级。国务院1988年批准的《国家重点保护野生动物名录》中，将我国受保护的野生动物分为一级保护动物和二级保护动物两个等级。其中，属于国家一级保护的海洋野生动物有儒艮、中华白海豚、中华白鲟、中华鲟、多鳃孔舌形虫、鹦鹉螺、短尾信天翁、玉带海雕、白尾海雕等；属于国家二级保护的海洋野生动物有鳍足目的所有种、除中华白海豚以外的其他所有鲸豚、黑颈鸬鹚、白腹军舰鸟、绿海龟、玳瑁、太平洋丽龟、文昌鱼、大珠母贝、红珊瑚等。

玉带海雕

　　海洋珍稀濒危物种自然保护区是为保护海洋中的各种珍稀物种及

其主要栖息地、繁衍地和重要洄游路线，以及其他有科研、教学、医学等特殊价值的海洋动植物而设立的保护区。这类保护区既是珍稀、濒危物种的保护地、拯救地或恢复发展地，又是具有价值的野生生物资源发展培育或合理利用的试验地。目前，我国已建立的厦门文昌鱼自然保护区、雷州珍稀海洋生物国家级自然保护区即属此类。

六、我们该怎样保护物种的多样性

（一）物种灭绝的原因

一次自然灾害，如地震或火山，可以破坏一个生态系统，毁灭群落，甚至一些物种。人类活动同样也威胁生物多样性。这些活动包括毁坏栖息地、偷猎、污染和引进外来物种。

1.毁坏栖息地　引起物种灭绝的主要原因是毁坏栖息地，即自然栖息地的丧失。这种情况通常发生于森林被砍光用来建镇或做牧场。在草原上耕种或填充沼泽地也会极大地改变原来的生态系统。这些物种可能会由于栖息地的改变而无法生存。

把大的栖息地分割成小的、孤立的碎块，称为分割栖息地。例如，在森林中修建公路会分割生物栖息地，导致树木更易受风暴袭击。分割栖息地对于哺乳动物也非常有害，因为这些动物往往需要大范围区域来寻找充足的食物，在小区域里它们可能无法得到足够的食物，也可能在尝试穿越到其他区域时受伤。

2.偷猎　对野生动物的非法猎杀和捕捉的行为，称为偷猎。为了取得它们的皮、毛、牙齿、角或爪子，用来制造药物、装饰物、服装、皮带和鞋子，许多濒危动物都遭到了猎杀。

热带鱼、乌龟和鹦鹉都是很普遍的宠物，人们从生物栖息地将它们非法捕来贩卖以获利。濒危植物可能被非法采掘作为室内观赏植物贩卖，或用来做药物。

3.污染　有些植物的濒临灭绝是由于污染造成的。引起污染的物质称为污染物，它们可能通过动物饮用的水或呼吸的空气进入动物体内。污染物也可能存在于土壤中。土壤中的污染物被植物吸收以后可以通过食物链在其他生物体内集结。污染物可能导致生物死亡，或降低其免疫力、引起先天缺陷。外来物种在生态系统中引入外来物种可能会威胁生物多样性。

（二）生物多样性的保护

很多人正在为保护世界上的生物多样性而努力。有些人致力于保护个别濒危物种，像大熊猫或是灰鲸。也有些人正在努力保护整个生态系统，像澳大利亚的大堡礁。许多保护生物多样性的计划把科学方法和法律手段结合了起来。

1.圈养　一种保护极度濒危物种的科学方法就是圈养。圈养是指在动物园或野生动物保护地为动物提供交配繁殖环境。生物学家们悉

加州兀鹫

心照料着这些生物幼体，以期提高它们的生存机会。这些幼体随后被放回野外。

圈养对于加州兀鹫来说是唯一的希望。加州兀鹫是北美洲最大的鸟，由于生存环境的破坏、偷猎和污染使之濒临灭绝。到20世纪80年代中期，野外的兀鹫数量已经不足10只，动物园中也不到30只了。科学家们捕捉了所有的野外兀鹫放入动物园中进行圈养。不久，第一只兀鹫繁殖成功了。至今，动物园中已有了超过100只的兀鹫，有些已被放回野外。虽然这项计划很成功，但是花费了2000万美元。如果用这么大的代价去拯救更多物种，那是不太可能的。

2.法律和协议　法律在保护濒危物种方面也起了积极作用。有些国家规定贩卖濒危物种及其制品为非法。在美国，1973年《濒危物种保护法案》禁止进口或买卖濒危、受胁物种制品。为保护濒危物种，这个法案同样需要进一步的修订。美国鳄鱼、太平洋灰

鲸以及绿海龟，都是由于法律的保护而开始恢复的物种。

保护野生动物的最重要的国际条约是《濒危物种的国际贸易公约》。1973年，80个国家在这一条约上签字。这个条约列举了近700种濒危物种，规定不可以牟利为目的对其进行贸易。像这样的法律执行起来是很困难的。即便如此，这个条约对于减少偷猎濒危物种，如非洲大象、雪豹、抹香鲸以及大猩猩还是有帮助的。

3.保护栖息地　保护生物多样性的最有效方法是保护整个生态系统。保护整个生物栖息地不仅保护了濒危物种，还保护了其他的依附物种。

从1872年美国黄石国家公园——世界第一个国家公园建立以来，很多国家已把一些野生动物的栖息地设为公园或保护区。另外，很多私人组织还购买了几百万公顷的土地作为濒危物种的保护地。今天，世界上大约有7000个动植物公园和保护区。

为了更有效地保护生物，保护区还必须有多种生态系统的特性。比如，必须能容纳许多物种，具有多种多样的小生境。当然，还要有新鲜的空气、富饶的土地和清洁的水源，同时迁走外来物种，并严禁偷猎。

 # 七、我们最应该怎样做

1969年7月20日，美国宇航员阿姆斯特朗第一个登上月球，当站在38万多千米的远处看到小小的地球时，他深切地感到，地球不仅是一个绿洲、一个孤岛，而更重要的是它是唯一适合人类生存的地方。他说："我从来没有像此时此刻那样突然警觉到，保护和拯救这个家园是如此的重要。"我们作为生物界的精华而又芸芸众生中的一员，来到这个宇宙间仅有的地球，很偶然、很幸运，也很自豪。所以，我们爱这个丰富多彩的世界，爱这个统一和谐的大自然，爱与我们生活

地球

息息相关的生命现象，更爱我们的子孙——希望他们永远享有和我们同样美好或者更加美好的生活环境。

我们爱这个"唯一适合人类生存"的地球，爱地球上的一切物种。那么，这应该是一种什么样的爱呢？我们如何去爱呢？

简单说来，就是要按照大自然本来的面目和自身的规律，来认识自然、研究自然、保护自然。地球本来是个有机的统一体，一切生物都生长、繁衍、进化在这个统一体之中。诗人李白说："天生我材必有用。"这话适用于人类，同样适用于一切物种。任何组成天然群落的物种都是共同进化过程中的产物，各个生物区系的存在和作用，都是经过自然选择的巨大宝库，各个物种和人类一样，是自然界中的一个环节，在漫长的进化发展过程中共同维持着自然界的稳定、和谐和进步。在这个五花八门的生物圈中，谁能适应，谁能发挥优势，或是谁被淘汰，这都是在自然历史的长河中物竞天择、不断演化、不断优化的结果，既非上帝所创造，更不能由人类来主宰。这就是大自然为什么拥有物种的多样性、遗传的变异性和生态系统的复杂性；大自

然为什么空气清新，生机盎然，山清水秀，百花齐放，百鸟争鸣，万木争荣；为什么大熊猫、树袋熊、蓝鲸、巨杉、金花茶、热带雨林和我们同在；为什么珠穆朗玛峰、亚马孙河、贝加尔湖、阿尔卑斯山、太平洋和我们同在。地球是我们人类和一切生命的摇篮，是我们的家园，是我们的天堂。她很大，但不是无边无涯；她很美，但不是青春永在；她很富饶，但不是取之不尽，用之不竭。放眼宇宙，大小星球无数，又有哪个可以和地球相比？

我们要保护地球，保护地球上的生态系统，保护生态系统中的一切物种，特别是濒危的物种。但现实却使我们痛心，生物物种的急剧消失，已经威胁着整个自然界，并威胁到人类自己。这话并不是危言耸听，保护一个物种，就意味着保护若干物种，就意味着保护一个生物群落，就意味着保护一个生态系统；反之，破坏一个物种，就意味着破坏若干物种，就意味着破坏一个生物群落，就意味着破坏一个生态系统。而世界是相互关联的，这种保护和破坏，必然会影响到地球的稳定和人类的未来。有位生态学家打了个比方：消灭一些物种，就好比拔掉飞机上的一些铆钉，看来

喜马拉雅山

问题似乎不大，但从某种意义上来说，这飞机已经不再是安全的了。

联合国环境规划署的一份报告指出，目前世界上至少每分钟就有一种植物在灭绝，每天有一种动物在灭绝，目前自然界物种灭绝的速度比人类干预前灭绝的速度高1000倍。人类开始行动起来，致力于对野生动物的保护。

1872年建立的美国黄石公园，是世界上第一个通过国家公园来保护当地野生动植物的尝试。进入20世纪60年代，因为物种越来越多地处于濒危状况，人们开始用法律手段保护这些濒危物种。越来越多的国家公园、自然保护区开始建立。

当然，保护野生动物不仅是政府部门和相关组织的事情，每个人都应当行动起来。让我们每个人都在心中，建起一座自然保护区。我们该如何去做呢？

至少，我们可以做到如下几点：

（一）拒食野生动物

在世界范围内，近150年来，鸟类灭绝了80种；近50年来，兽类灭绝了近40种。其中很多是在人类的口腹之欲的追逐下渐渐消失的。

（二）不猎捕野生动物

我国已建立400多处珍稀植物迁地保护繁育基地、100多处植物园及近800个自然保护区。我国于1988

年发布《国家重点保护野生动物名录》，列入陆生野生动物300多种，其中国家一级保护野生动物有大熊猫、金丝猴、长臂猿、丹顶鹤等约90种；国家二级保护野生动物有小熊猫、穿山甲、黑熊、天鹅、鹦鹉等230种。

（三）不参与买卖野生动物

《中华人民共和国野生动物保护法》规定：禁止出售、收购国家重点保护野生动物或者产品。商业部规定，禁止收购和以任何形式买卖国家重点保护动物及其产品(包括死体、毛皮、羽毛、内脏、血、骨、肉、角、卵、精液、胚胎、标本、药用部分等)。我国也是《濒危野生动植物种国际贸易公约》的成员国之一。

（四）做动物的朋友

为挽救野生动物的生存状况，一些人捐钱认养自然保护区中的指定动物，并像看望亲属一样去定期看望它们。很多人常去濒危动物保护中心，关心濒危动物的生存现状

并吊唁已灭绝的野生动物。例如在美国，一些孩子像对待朋友一样给动物园的动物过生日。

（五）不买珍稀木材

有资料表明，大约1万年以前地球有62亿公顷的森林覆盖着近1/2的陆地，而现在只剩28亿公顷了。全球的热带雨林正以每年1700万公顷的速度减少着，等于每分钟

采伐森林的蓄木场

失去一块足球场大小的森林。照此下去，到21世纪末，世界森林面积将再减少2.25亿公顷。而森林正是野生动物的栖息地，保护森林也就是保护野生动物。

（六）植树护林

印度加尔各答农业大学德斯教授对一棵树的生态价值进行了计

算：一棵50年树龄的树，产生氧气的价值约3.12万美元；吸收有毒气体、防止大气污染价值约6.25万美元；增加土壤肥力价值约3.12万美元；涵养水源价值3.75万美元；为鸟类及其他动物提供繁衍场所价值3.125万美元，产生蛋白质价值2500美元。除去花、果实和木材价值，总计创值约19.6万美元。

（七）无污染旅游

当我们旅游时，不要污染、破坏自然环境。少用一次性用品，减少垃圾量。如有垃圾则应投放到指定地点。不攀折践踏花草树木，不随便采集标本，不污染水源。尽量利用公共交通工具外出旅游，以此减少尾气排放带来的空气污染，如果能骑自行车郊游的话，就更符合环保潮流了。

（八）做环保志愿者

做一名环保志愿者已成为一种国际性潮流。很多知名跨国公司在录用人才时，特别注意应征者是否有参加环保公益活动的记录，以此来判断其责任感和敬业精神。据报道，美国18周岁以上的公民中有49%的人做过义务工作，每人平均每周义务工作4.2小时，相当于2000亿美元的价值。在日本及欧洲各国，做环保志愿者也是公民普遍的常规行动。在我国，做环保志愿者日益成为风尚，环保志愿者的队伍正在不断扩大。

亲爱的朋友，你知道吗?每年2月2日是世界湿地日，4月22日是世界地球日，6月5日是世界环境日，10月4日是世界动物日，12月29日是国际生物多样性日。这些绿色纪念日都是为了唤起人们环保意识、关注野生动物生存状况的，在这些日子，很多人会行动起来，为保护野生动物做些切实的事情。要记住，它们不是节日，而是一种呼唤，是野生动物对人类的呼唤，是地球对人类的呼唤，呼唤人们去行动!

如果有一天，所有笼中困兽都奔向它们祖先生活的地方，这一天便是动物的节日;如果所有野生动物都因失去自由生存的空间而消亡，这一天也就是人类的末日。人类只有解放全世界的生灵，才能最后真正地拯救自己!

第六章
我们可以和它们一起和谐生活

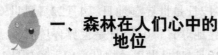

一、森林在人们心中的地位

（一）森林是人类艺术创作的重要源泉

艺术起源于原始森林中人们的劳动。马克思、恩格斯在创立马克思主义的过程中，一直努力探索社会发展的基础和动力，确定了劳动、生产、实践在社会历史发展中和社会生活中的动力和基础地位，而艺术不过是社会生产中的一种特殊形态。正如恩格斯所说："劳动创造了人本身。"劳动、生产、实践，其原初意义就是一种感性的物质活动，正是这种劳动，创造了人本身，创造了世界，也创造了艺术这种社会文化形式。

在原始时代，人们的物质生活条件低下，根本谈不上什么精神文化方面的追求。他们的一切活动都是围绕生存而展开的。为了生存，他们必须劳动，劳动的收获使他们得到物质上的快感，而就是这种满足的快感恰恰是艺术产生的基础。人们在享受这种物欲满足感的同时，自然而然地对实践活动的过程、成果、工具及其他相关因素产生快感。如肥大猎物的形状、果实成熟时艳丽的颜色、利箭射出的嗖嗖声等都可以引起人们的快感。正是这种快感，逐渐培植出了人们原始的审美意识，而能引起人们快感的事物也就逐渐成为了人们的审美对象。有道是：爱美之心，人皆有之。对于带来快感的审美对象，人们总是希望能以某种形式，从某种角度给予再现。这种对审美对象的再现，便形成了人类原始的各种艺术形式，而这一切均是人类的祖先在原始森林中实现的。所以说，森林是艺术的起源地，从艺术产生那一刻起，森林与艺术便结下了不解之缘。

随着人类文明的进步，人类对森林的依赖已显得不那么强烈和直接。但事实上，森林对人类的影响却一直是无所不在的。这种影响大到森林与全球气候的关系，小到人们的住房、家具、劳动工具甚至餐桌上的筷子和牙签等。在人类发展几百万年的漫长岁月中，由于人类的生存、生活需要，在人们的心理、视觉、听觉等多个方面，森林已被人类潜意识地当成一种重要的审美对象或审美构成要素。这种潜意识就是森林艺术产生及发展的根本动力，而森林为艺术发展提供了广阔的空间。

（二）森林是滋养我国多民族文化的一片沃土

自从上古时期黄帝大战炎帝

美丽的森林

和蚩尤开始，在以后的数千年历史中，中华大地上一直在实践着先人们总结出来的"分久必合，合久必分"的哲理。部落纷争，诸侯割据，统治者的争权夺势造成民不聊生。一些弱小的部落或者饱受战乱之苦的百姓只好背井离乡，到崇山峻岭中去求得一方平安。由于长期生活在封闭的区域中，经过自身不断的发展与积淀，许多民族形成了各具特色的民俗民风，成为中华文化的重要组成部分。森林虽说在地理上阻隔了其居民与外界的交流，对文明的传播起到了负面影响，但它在保存优良民族文化，保持人类文明多样化方面所起的作用是积极的。

少数民族文化是丰富多彩的，包括生活习俗、婚姻家庭、人生礼仪、民间文学艺术、民族科技工艺、宗教信仰、医药生产、狩猎、节庆等，这是人类共同的遗产和财富。挖掘这些文化并加以保护和利用，对于保护自然、改善环境、丰富人类的精神文化生活、提高少数民族的生活水平和实现可持续发展有着深远而现实的意义。

（三）森林为我国传统文化的发展作出了贡献

作为社会意识形态之一的宗教，是人类社会发展的历史产物。宗教观念的最初产生，是原始人对他们不理解的自然现象的神秘感的反映。我国是一个具有5000年历史的文明古国，所以其宗教文化沉淀也异常深厚。在许多宗教类别中，影响较大的要数佛教、道教、伊斯兰教、基督教和天主教。其中，历史最长的是佛教，相传佛教传到中国，是由东汉明帝派遣使臣前往西域求佛法，请来迦叶摩腾和竺法兰到洛阳开始的，距今已有2000年左右的历史；在中国形成的道教也有1700多年的历史；源于阿拉伯半岛的伊斯兰教传入中国已有1300多年的历史；基督教和天主教分别于唐朝贞观年间和元代传入中国，并在鸦片战争后获得较大的发展。历史上，宗教曾对我国社会生活的许多方面产生过极其深刻的影响。而森林是我国宗教事业发展的一个重要的载体，特别是佛教和道教。

就佛教而言，中国的寺庙建筑一般分为依山式和平川式两类，而依山式寺庙建筑几乎都掩映在山谷丛林之中。尤其是禅宗佛教，对欣赏大自然很有独到的一面，从初祖达摩在嵩山少林面壁十年、解说禅宗不二法门，到六祖惠能在南华寺弘扬南宗顿悟之法，无不在山水丛林中得到禅趣，悟解生命之真谛。如没有大自然清静、朴实、浩瀚的氛围，恐也难领悟佛学"菩提本无树，明净亦非台，本来无一物，何处惹尘埃"的至高境界。

寺庙

在亲近自然方面，道教与佛教相比也毫不逊色，道教著名的十大洞天（第一王屋山洞，号小有清虚之天；第二委羽山洞，号大有空明之天；第三西城山洞，号太玄总真之天；第四玄山洞，号三元极真之天；第五青城山洞，号宝仙九室之天；第六赤城山洞，号上清玉平之天；第七罗浮山洞，号朱明辉真之天；第八句曲山洞，号金坛华阳之天；第九林屋山洞，号元神幽虚之天；第十苍山洞，号成德隐玄之天）、三十六小洞天七十二福地（天下第一福地——楼观台等）以及四大道教胜地（湖北武当山、四川青城山、江西龙虎山、安徽齐云山）等无不都是山峰叠翠，古木参天，真可谓是人间仙境、世外桃源。

（四）森林植物释放精气的特有价值

植物的花、叶、茎、根、芽等组织的出油细胞不断地分泌出一种浓香的挥发性有机物，能杀死细菌和真菌，防止病虫害和杂草生长。这种气体被称为植物精气，又称芬多精、植物杀菌素。精气的主要成分是芳香性碳水化合物——萜烯及其在生物体所结合化合物的统称。萜烯类物质是一群不饱和的碳水化合物，主要有半萜烯、单萜烯、倍半萜烯、双萜烯、四萜烯和多萜烯等。这些化合物具有镇痛、抗风湿、促进胆汁分泌、降血压、化痰等功效。中南林学院森林旅游研究中心对数百种植物进行了精气成分测定，取得了很大的成果，并且部分研究成果已经应用于生态旅游的实践之中。

二、聆听黑猩猩的诉说

动物皆有灵性，它们与我们都是地球的宠儿，我们除了无情地对它们加以伤害，试想，有真正关心过它们、聆听它们的心声吗？

20世纪60年代，正当雷切尔·卡逊在美国掀起一场环境保护运动时，在大西洋彼岸的英国，一位年轻的姑娘，毅然一个人踏上了前往非洲的路程，开始了一项具有深远意义的科学探险活动。这个人就是珍妮·古多尔，她深入野外一做就是38年，第一次揭开了黑猩猩的秘密。

黑猩猩神秘的面纱被揭开，灵长类动物生活的秘密首次为人类所知。珍妮·古多尔以自己的行动向整个人类宣告，野生动物是可以亲近的，只要你肯与它接近，想与它亲近，野生动物就能接纳你。

黑猩猩

珍妮·古多尔作为一个灵长类动物学家，对她一生的发展产生重要影响的几个人中，首先是她的母亲。她曾经说过，我的母亲，一直支持着我伟大的梦想。珍妮·古多尔在童年时期，有一个非常耐人寻味的小故事。在她4岁半的时候，她把自己藏在鸡窝里，想要知道鸡蛋是怎么生出来的。到天黑的时候，母亲找不到她，非常着急，当发现小珍妮满头稻草从鸡窝里爬出来时，母亲不仅没有生气，反而耐心地倾听小珍妮讲述自己的故事。

在珍妮大约10岁的时候，她读过一本关于坦桑尼亚大猩猩故事的书，马上对这种有很高智慧的动物产生了浓厚的兴趣。珍妮从此有了一个志向，长大以后到非洲研究大猩猩。当她把这个梦想告诉周围的人时，很多人觉得太不实际，而母亲却支持她。母亲说，如果你希望实现自己的梦想，就要抓住机会，不放弃。

当珍妮18岁高中毕业时，她的很多朋友都继续上了大学，而珍妮的家境比较清贫，没有能力继续上大学。在母亲的建议下，她选择了文秘工作，以后又在酒店做服务生，这样攒了一些钱。很快，珍妮得到一个机会，有朋友邀请她到坦桑尼亚，珍妮实现梦想的时候到了。她在23岁时离开英国前往非洲，开始了不平凡的人生之旅。

在这次远行中，珍妮遇到了古人类学博士米奇，米奇告诉她，通过古代人类遗迹以及对其他古代动物化石的研究，可以大概推断出古人类的生活。珍妮认为，由于没有办法从死的石头工具里面找到确切的答案，或许可以从和古代人类智商相似的动物身上，找到古代人类使用石头工具的蛛丝马迹。这样，珍妮便选择了研究黑猩猩。

珍妮没有上过大学，更没有受过专业的训练，但研究黑猩猩使她开始实现自己的梦想。珍妮以自己的努力，很快得到了一份研究赞助资金，她从此走进了黑猩猩的世界。

珍妮·古多尔在黑人助手的帮助下，从一个使黑猩猩纷纷躲避的不速之客，到逐步能够接近黑猩猩，并最终被接纳和熟悉，经历了漫长的过程。

开始珍妮只能在500米外的丛林中，偷偷观察它们，一天又一天，蹑手蹑脚地接近黑猩猩群体，她模仿黑猩猩的动作和呼叫声，学黑猩猩的样子吃它们吃的果子，她以非同寻常的耐心，终于获得了黑猩猩们的信赖。经过了漫长的15个月，黑猩猩对珍妮的出现，终于习以为常，珍妮甚至可以坐在它们身边，融入黑猩猩的群体中。

热带丛林的生活非常艰苦，珍妮·古多尔不仅经受了酷热和昆虫的折磨，也经历了黑猩猩对她的威胁，但最终她和黑猩猩做到了和谐相处，彼此相知，人类由此了解到了黑猩猩生活的奥秘。

珍妮·古多尔经过多年艰苦的野外观察，为人类揭开了黑猩猩神秘的面纱。她发现黑猩猩能够使用树枝，并对树枝进行简单的加工，使之成为工具，将树枝插进白蚁窝中，沾出白蚁来吃，这一发现改变了科学界对黑猩猩的种种猜测，并对研究古人类使用和制造工具的过程，有重大的意义。

珍妮还发现黑猩猩既吃植物果实，又吃肉，是杂食性的，而不是过去所认为的是素食，只吃植物类食物。居住在贡贝河地区的黑猩猩，以90种以上的植物为食物，包括50多种果实及30多种树叶和嫩枝；黑猩猩能大量获取白蚁，吃到多种昆虫、鸟卵和小鸟；黑猩猩经常捕猎动物为食，而且捕猎活动往往带有集体协作的性质。例如，由40多只黑猩猩组成的一个群体，一年中可捕获20只以上的大型动物，有林羚、野猪、狒狒和猴子等。

黑猩猩彼此交往的信息系统相当发达，有了类似人类意识和感情的初步萌芽。例如，当找到食物时发出的呼叫，进行群体转移时的呼叫，在林中行进时彼此之间的呼应等；黑猩猩的表情丰富，如嬉笑时的嬉脸，愤怒时的露齿，遭到攻击时的撅嘴、哼哼声以及啜泣等。

有的黑猩猩能使用人造物品，如一只雄性黑猩猩，偶尔发现空汽油桶可以发出声音，就利用这响声吓唬别的雄性黑猩猩，显示出自己的优越，最后夺得首领地位。

珍妮·古多尔不仅为我们了解黑猩猩群体内部复杂的结构、亲缘关系和等级关系等，提供了大量闻所未闻的事实，而且她用大量有说服力的证据，证明从黑猩猩身上，可以找到人类远祖的生活情景及其演进线索，可以找到人类某些心理现象发源的线索，对揭开人类行为和心理演化的秘密有重大的价值。

珍妮·古多尔与黑猩猩从接近到融入其群体中的事实，启示了人类与野生动物应当怎样相处。只要你能够尊重它，它也会尊重你。人类有情感，动物也并非无情无义。人类生活需要空间，动物活动也需要领地。大自然并不是人类自己的，它是我们共同的家园。就像珍妮·古多尔所说，从某种角度讲，黑猩猩更像是从自然当中来的一位亲善大使，它告诉我们人类，动物也有自己的感情，有自己的表达，它们的思想感情和人类的思想感情是一样重要的。

珍妮·古多尔以杰出的研究为自己赢得了极大的声誉。她在进行黑猩猩研究的同时，也获得了进入英国剑桥大学攻读博士学位的资格，不要忘记，这时候她还只有高中学历。5年后，珍妮·古多尔就

以对黑猩猩的研究成果，获得了剑桥大学的博士学位，并长期在这里进行研究工作。同时，她还被美国斯坦福大学聘为副教授。她和丈夫拍摄的黑猩猩影片，在西方受到中学生的广泛欢迎。2008年，美国的《魅力》杂志评选年度十大风云女性，珍妮·古多尔名列其中，并唯一获得终身成就奖。她还获得过联合国颁发的马丁·路德·金反暴力奖，这个奖过去曾有两位人士获得过，分别是南非前总统曼德拉和联合国前秘书长安南。

作为一位杰出的科学家，珍妮·古多尔在从事专业的研究之外，还在世界各地进行保护环境的宣传工作。1991年，她在坦桑尼亚创建了"根与芽"的教育项目，这个项目受到了联合国的支持，并在世界各地的大、中、小学校开展活动。

"根与芽"的项目的主旨是，通过实际的环境教育活动，带给每一个年轻人希望和梦想，让保护环境成为每一个人的行动，通过大家的努力，使我们的世界变得更美好。"根与芽"项目包括环境、人类和动物研究三项活动，通过综合性的动物研究，给参与活动的人带来希望，教会我们如何实现人与人

之间的和谐相处，以及人与自然、人与动物之间的和谐相处。

为了这个项目，珍妮·古多尔每年有300多天在世界各地奔跑。现在，中国大约有700多个"根与芽"项目活动小组，珍妮·古多尔作为项目的创始人，多次来到中国，与"根与芽"项目小组的师生共同活动，"根与芽"的项目也得到了中国政府越来越多的关注和支持。

2008年末，珍妮·古多尔再次来到北京，同北京育才学校"根与芽"项目小组的师生进行交流，并在先农坛的"五谷花园"活动，共同分享人类对土地和五谷的情感，体验春种、夏耕、秋收、冬品的乐趣，体会我国悠久的农耕文明。

"根与芽"项目的一些活动，看起来非常小，比如说在社区里面收集垃圾、关爱小动物等。但项目的活动，需要更多的人参与，年轻人、老人和儿童，需要每个人坚持去做这些事情，共同改善社区的环境，为保护自然贡献一份力量。"根与芽"小组的成员遍布世界100多个国家，在世界各地都可以看到小组成员活动的身影。珍妮·古多尔说："他们为我们星球的未来带来了希望。"

 ## 三、新世纪的狼图腾

狼曾经在北美和欧亚大陆广泛分布，不过由于栖息地不断丧失以及遭受捕猎，目前其栖息地只有剩下很有限的一部分。狼属于食物链上层的掠食者，通常群体行动。由于狼会捕食羊等家畜，因此直到20世纪末期前都被人类大量捕杀。

人类追求文明生活的过程，总是离不开野性十足的狼。狼身上承载着特定的文化内涵：狩猎时代，它是英雄图腾；农耕文明时代，它成为残忍、贪婪、狡诈的象征；工业文明时代，它又是叛逆和强劲生命力的艺术文化符号；后工业文明时代，人们重新呼唤"狼性"精神，为日渐委靡的人类灌注活力。

尤其值得注意的是，狼一直在人类文学中占有重要的地位。工业革命以来，以狼为主角的小说多次出现，并产生了巨大的反响。这实际上反映出人类精神的反思，在人类重新思考和自然的关系时，狼成为一个代表的物种。

在美国作家杰克·伦敦笔下，狼是强悍生命力的艺术符号，是自然界和人类文明社会原始的、充满鲜活气息的生命力的象征。《野性的呼唤》是杰克·伦敦最负盛名的小说。故事主要叙述一只强壮勇猛的狼狗巴克从人类文明社会回到狼群原始生活的过程。

狼

巴克是一头体重140磅的十分强壮的狗。它本来在一个大法官家里过着优裕的生活，后来被法官的园丁偷走，辗转卖给邮局，又被送到阿拉斯加严寒地区去拉运送邮件的雪橇。巴克最初被卖给两个法裔加拿大人。这些被买来的狗不仅受到了冷酷的人类的虐待，而且狗之间为了争夺狗群的领导权，也在互相争斗、残杀。由于体力超群、机智勇敢，巴克最终打败斯比茨成为狗群的领队狗。它先后换过几个主人，最后被约翰·索顿收留。那是在巴克被残暴的主人哈尔打得遍体

鳞伤、奄奄一息时，索顿救了它，并悉心为它疗伤。在索顿的精心护理下，巴克恢复得很快，由此他们之间产生了真挚的感情。巴克对索顿非常忠诚，它曾两次不顾生命危险救了索顿的命，并在索顿和别人打赌时，拼命把一个载有1000磅盐的雪橇拉动，为索顿赢了一大笔钱。不幸的是，在淘金的过程中，索顿被印第安人杀死。狂怒之下，巴克咬死了几个印第安人，为主人报了仇。这时恩主已死，它觉得对人类社会已无所留恋。况且，一段时期以来，荒野中总回荡着一个神秘的呼唤，这个声音吸引着它。最终，它回应着这个声音，进入森林，从此与狼为伍，过着野生动物的生活。

《野性的呼唤》在简单的故事中蕴涵着复杂的内涵。人类在文明进步与自身进化的同时，离自己的淳朴本性也越来越远，那荒野的呼唤也越来越让人感到陌生；而那种升华的、淳朴的自然本能——对自然的爱与向往，对祖先的回忆与召唤，对冥冥之中美好意愿的期守却渐渐被陷入纷争与矛盾中的人类所淡忘。巴克挣脱最后一点儿羁绊奔入荒野时，人们隐约意识到只有它才能真正追随那神秘的呼唤。

另一本关于狼的名著也引人关

注——莫厄特的《与狼共度》。莫厄特是世界上读者最多的加拿大文学家之一，《与狼共度》是作者与一家狼在草原地带共度一个夏天的记录，但它带给当代人的遐想和余思是悠长而深刻的。

1946年，莫厄特受加拿大政府的派遣，到北极地区去考察狼的"罪恶"，取得证据，以便对其实行制裁。因为有报告说，那里的驯鹿数量急剧减少，都是因为狼的十恶不赦。

莫厄特单枪匹马地出发了，一个人在荒无人烟的北极地区，和那里的狼群，特别是其中的"乔治一家"共同生活了一年，也详详细细地观察和考证了一年。但是，一切的证据都似乎偏离了政府的目的或者是莫厄特的初衷。

狼群

以下就是莫厄特亲眼目睹的事实：

这一天，晴空万里，莫厄特架起望远镜对准狼窝，等待着2只成年狼的出现。但是，从上午观察到下午，仍然一无所获。当他灰心丧气地转过身时，却发现那2只狼就在他的身后，不出20码远的地方，直端端地冲着他坐着，看上去轻松舒坦，愉快安闲，又似乎有些好奇，已经好几个小时了。狼性不是凶残的吗？为什么不在莫厄特毫无准备的时候攻击他呢？

又一天，为了近距离观察狼，莫厄特把自己的营地建在了狼的领地之内。当觅食归来的狼发现时，表现出来的是迷茫、犹豫和完全不知所措。它只是直愣愣地盯着莫厄特和他的帐篷，目光是那样的深沉。结果是莫厄特发出了抗议的声音。它这才站起来，生气勃勃地、有条不紊地沿着莫厄特的帐篷做上标记，然后，改道而行。狼不是贪婪的吗，为什么这么忍气吞声地就割让掉自己的领土呢？

莫厄特亲眼看见，一只狼一次吃下去23只老鼠；另一次则在不到1个小时内，捕食了7条体重可达40磅的北方大梭鱼。这些不但满足了它自己的需要，还能带回去反哺幼狼。通过多次的追踪观察，莫厄特还发现，三五成群的狼合力追捕猎杀的都是老弱病残的驯鹿，而且还不是每次都能得手，因为它们速度和体力有限。为了得到科学的证据，莫厄特又进行了粪石研究，结果48%的粪石中含有啮齿动物的遗骸。狼不是灭绝驯鹿的罪魁祸首吗，为什么它们的主食会是老鼠和北方大梭鱼呢？

对刚刚经历了第二次世界大战的莫厄特来说，狼的世界比人类世界更可爱、更令人迷恋神往，因为它给人类带来的不仅仅是荒漠上顽强生命的象征，不仅仅是茶余饭后的妙趣，而是今日进步意识的启迪，是生存与发展的样板。

从根本上说，狼在维护自我世界的生态平衡方面，趋于尽善尽美，鲜有人类社会那样的重重危机。比如，在狼的世界里不会出现资源匮乏，因为它们对资源的要求就是食物，而食物又是丰富多样的；由于狼的征服欲、占有欲是十分有限的，这就使得它们的消耗极其有限，仅以能维持生命为度，因而没有破坏和毁灭的冲动，不致造成物种的濒危和灭绝。水里的游鱼，地下的鼠类，草原上的病弱驯鹿，形成了狼的主要食物网络，由于网络的互补性强，这就从外部条件上保证了狼的种群在消费品供给上的平衡稳定。另一方面，狼又有极强而神秘的内部调控能力：丰年多产，灾年不育，这就排除了因出现"人口爆炸"而引发综合危机的可能性。或许是由于本能的预见性，狼总能与岁月的起伏跌宕同行。尽管狼也有领土的要求和尊严，但它们能够避免自我能力的异化，决不诉诸武力去解决争端。

《与狼共度》在表现人、动物、环境的关系中，突破了以人为中心的沙文主义，克服了人类传统行为的惯性，批判了人类在开发自然的过程中的霸主态度和殖民行为。在作者眼中，狼似乎是我们雍容大度的友好邻居，它们安身立命，自觉地与自然一体的生存之道堪称人类的榜样。莫厄特感叹"狼使我认识了它们，也使我认识了自己"，可以说，这是具有普遍意义的人类自省反思的一种声音。

在这里，还需要特别指出的是，莫厄特观察研究叙述描写的是生活在荒无人烟的北极地区的原生状态下的狼，那是一些按照它们的本性，与它们的天敌和伴生物种平等竞争，相依相存着的种群。它们是和在人群密集区生存着的狼不同的。不是因为狼不再成为狼，而是因为千百万年来，人类自恃有着越来越先进的文明，对身边的一切生物，不论是植物还是动物，不论是弱小还是强大，都有恃无恐、烧杀抢掠的结果。俗话说得好，环境决定意识，既然人类用残暴的手段对待狼及一切生物，那么狼们为了求得自己的生存和延续，也只能采取以牙还牙的方式来对待人类。在天长日久的改造中，原生状态下的狼性，也就是莫厄特在北极冻原上看到的狼性，也就一天天地被异化了，而人和狼的关系也就一天天地恶性循环下去。如此一来，为什么生活在我们身边的狼会有着凶残的行为，为什么人们会对狼深恶痛绝，也就不难得到答案了。因为人类开始发展成一个自命不凡、企图凌驾于万物之上的种群。

出人意料的是，进入21世纪的中国，也因为一本小说《狼图腾》的悄然上市，掀起了一股巨大的"狼文化"热潮。无论是在社会竞争层面对狼性精神的学习，还是文化教育层面对个体性格的培养，很多人都受到这股热潮的影响，如当选为2007年世界青年领袖的中国男篮队员姚明，在2004年雅典奥运会上就曾经说过：

"你看过《狼图腾》吗？我们就是要当那一群狼，我是头狼，但所有的狼要一起布阵，一起进攻和防守。我看《狼图腾》里印象最深的就是它们的整体作战和那股血性。如果有狼受伤了，绝不会拖大部队的后腿，它会心甘情愿地给别的狼做军粮，被吃掉也是为战斗作贡献。到了球场上，每个人都得拿出所有你能拿出的东西来，今天我们做到了。"

狼为什么会成为图腾？回到小说的具体内容上来，在额仑草原上，狼之所以能够从众多生物物种中脱颖而出成为蒙古人的图腾，根本原因就是，在草原的生物链条中狼处于高端最为关键的一环。

在草原生态系统中，肉食动物、草食动物与植物之间相互构成了一个动态平衡的食物链。而狼在这个食物链中则是占据着高端的、捕猎者的地位。通过维系自身的生存，对草原上人放牧饲养的羊、马、牛及老鼠、野兔、旱獭、黄羊等野生食草动物的猎食，狼间接地调节着草食动物与牧草之间的平衡关系。额仑蒙古人把狼作为图腾崇拜，正是建立在狼对生态平衡的关键性调节作用上。正是狼对人以及羊、马、牛的生命威胁，不但迫使人必须不断提高自身的身体素质和智慧，以提高生存能力，同时迫使人控制自己的欲望，不能过于贪婪（超越生存需求之外、无节制地扩大畜群和猎杀野生动物），自觉维护这种平衡关系。

也正是以宗教的神圣形式肯定了狼对草原生命与生态平衡的决定作用，那里的人才不把狼作为不共戴天的死敌而赶尽杀绝，从而使水草丰沛的额仑草原维系了几千年。在这样一种生存环境下，蒙古人形成了自己独特的生存能力，形成了独有的智慧。因而小说中有这样一句话："我们蒙古人打猎，打围，打仗都是跟狼学的。"

而要维系人自身的生存，又不能完全对无理性的狼听之任之，

草原狼

因为狼群对人的威胁也是致命的。"至少狼群的进攻，给牧场每年造成可计算的再加上不可估算的损失，使牧业和人类无法原始积累，使人畜始终停留在简单再生产水平，维持原状和原始，腾不出人力和财力去开发贸易、商业、农业，更不要说工业了。"于是，以毕利格老人为代表的富有智慧的猎手就出现了。他们凭借自己多年的捕猎经验，机智顽强地与狼进行斗争，打狼、杀狼，但不是灭狼。为什么会形成既恨狼又拜狼、既打狼又不灭狼的悖论呢？毕利格说："我也打狼，可不能多打。要是把狼打绝了，草原就活不成。草原死了，人畜还能活吗？"

不灭狼的根本原因就在于，狼对整个草原的生态平衡具有关键的、不可或缺的调节作用。对于《狼图腾》这本小说，人们有多重解读。但它最大的意义在于揭示出，生态危机是全人类最大的危机。在《狼图腾》中，生物链中最重要的一环——狼，不仅不是人类的敌人，还是人类的朋友。狼的消失，是草原沙漠化悲剧的开始。这样的悲剧不

仅仅发生在蒙古草原，几乎在全世界的任何一个角落，都不同程度、以不同的方式发生过。

人们从狼的悲剧性命运中也看到了自己的未来，人和狼的关系，其实非常紧密的，"动物是人类的老师"，狼与自然的相处，以及狼的许多品格，都值得人类研究和学习。

人类和地球上一切生物都有着千丝万缕的联系，它们是相互依存，共生在同一个星球的，只是人类在成为地球主宰以来把它遗忘了，人类太得意忘形了。此时人们回望狼的身影，不再是计谋着血腥的杀戮，而是思考着人与狼的关系、人与自然的关系，呼唤着人与自然的和谐。

四、人与动物和睦相处的加拿大

如果你去过加拿大，就会对那里的动物有所感触。走在安静宽敞的路上，一群肥油油的乌鸦经常挡住人们的去路。它们的羽毛黑得发亮，扭动着滚圆的身体在地上打打闹闹，争先恐后地抢夺地上遗留的面包屑。玩到兴头上也不忘"哇哇"地叫上两声，那样毫无戒备，自由自在，好像这里从来不是人类的地盘。姿态姣好的鸽子也不会让乌鸦抢了风头，总是静静地在地上走动，一身银灰色的羽毛显得很优雅，脖子上闪着银晃晃光亮的绒毛更是雅致。海鸥散步的姿势真的很闲适，那站在海边一动不动，任凭海风吹拂的姿态就更美了。只见它双眼微闭，像是被海风吹得生疼，却也像是陶醉在曼妙的海风中。细腻的绒毛被海风层层吹起，静静观看的时候，还真觉得那是浮动在海鸥身上的一潭泉水。海鸥翱翔时的美感更是没法形容。它好像是被风送走的，灵巧得令人目眩，那舒展张开着的翅膀很坚定，毫不动摇的意志令人为之动容。

在班芙的旅途上也可以让人饱览了动物们的风采。老羚羊带着小羚羊在公路中央悠闲地散着步，来来往往的车辆它们仿佛视而不见。

乌鸦

笨重的黑熊们转着精灵的小眼睛，坐在马路边，欣赏络绎不绝的大巴与小车。如果你遇到了一只鼹鼠，并且喂它食物，它会毫不胆怯地去啃你奉献的美食，并且还会招来一群小鼹鼠们大吃特吃。

在加拿大的阿尔伯塔省有个小城叫做埃德蒙顿，此地远没有北京的气派，没有故宫、长城那样充满历史文化气息的建筑，当然也没有北京的喧闹、拥挤。作为城市，它的风格别具特色。

整个市中心建在山上，高楼林立的地方是政府机关、写字楼、商业区、健身中心。商业区的地下四通八达，相互连通。驱车离开市中心，别是一番景色。沿途有山丘，有开阔的草地、密集的树丛。道路时而平坦，时而起起伏伏。当人怀疑自己身处郊区时，购物中心、学校、超市又呈现在眼前。这里，城市与大自然交融在一起。

山丘、草地、树丛很少是人工雕琢的，它们保留了原有的自然景观。最美的景致在秋冬两季。飒飒的秋风中，道路两旁起伏的山丘上闪动着金黄的枫叶，在湛蓝的天空淡淡的白云映衬下构成一幅绚丽的画面。置身其中，顿觉神清气爽。树叶凋零的暮秋，早上或是傍晚，

抢镜头的松鼠

成群的大雁鸣叫着飞翔在蓝天白云间，一排又一排，这时你的心也似乎随着它们飞向遥远的故乡。冬天一场大雪、一次冻雾之后，树木像披上了银楼玉衣，住家后面白皑皑的雪地上常常可以看到兔子的身影和脚印。它们不怕人，人们从不伤害它们。只有走到距离它很近的地方，它才会嗖的一下子，跑得无影无踪。

曾经在报纸上见到一张有趣的照片，松鼠衔着高尔夫球在绿草如茵的球场上奔跑。原来它错把高尔夫球当做蘑菇存放在树上准备过冬。对这件事，报纸还展开了讨论，有人说高尔夫球被松鼠衔走，不足为怪，也不值得同情，这里本来就该是松鼠的天地。讨论没有结果，只知道这个球场因为松鼠而中止打高尔夫。

人与动物融洽相处的事情还有很多。在高速路上开车如果看见一头鹿跑到路中间，行驶再快的车子也要停下来为它让路。在阿尔伯塔大学，大学区树多草茂，安静而肃穆。松鼠在这里可以不避人地跑跳着，时而还会发出尖细的叫声。城市里钓鱼的地方很多，规定也严格，钓到的鱼有一定尺寸要求，不到规定尺寸，必须放生。其实很多

当地人无论钓到什么鱼最后都放归河水。钓鱼之乐不在得鱼而在垂钓的过程。

在加拿大的国家公园，又称麋鹿岛。公园面积很大，有野生的牛、鹿、四不像和叫不出名称的鸟，总共250种动物。进入公园只能驱车而行。公园里树木茂密，宽阔的湖面水波粼粼，望不到对岸。夏天周末很多人带着帐篷在公园里安营扎寨。野生动物出没的地方都有指示牌告诉游人这一带有什么动物。归途，在靠近高速路边上看到几头野牛悠闲地移动着沉重的身体，踱来踱去。可惜汽车奔驰而过，这些野牛很快就从车窗外消失了。

五、澳洲的动物们

在澳洲旅行，无论是在城市，还是在荒漠，处处都能感受到人与动物和谐相处的那独具一格的情趣，澳洲人对动物的爱心给每一个旅行者都留下了极为深刻的印象。

（一）澳洲动物不怕人

在澳洲大小城市、码头、广场经常可以看到成群的鸽子目

中无人地走来走去，争食游人赏赐的食物。成群的海鸥毫无顾忌地在游人身边穿梭，成群的海狮、海豹在海边尽情戏耍，时而跃上海滩，或在岩石上晒太阳，懒洋洋地躺着，任人观赏。即使你坐在自己家后花园中（澳洲穷人的住宅，法律上也规定要有后花园），喜鹊、斑鸠、白颈鸟，还有成群结对的彩色鹦鹉，都会随时来做客。早晨，乳白色的大鸟——澳洲人称"笑鸟"，很早就会飞到树上来咯咯大笑，直到把人笑醒为止。有时候，当你在海边野餐，当你跨出汽车，便会有几只羽毛很漂亮的翠鸟落在你的头上和肩上，如果你马上拿起照相机来抢拍，这些小鸟似乎并不怕人，没有逃走的打算，当你伸出手臂，也会有几只小鸟落下来，好像家养的一样，一点儿都不陌生。在这里，人兽之间非常和谐。

在澳洲，公路旁经常可以看到"当心袋鼠！""当心动物！"这种提醒驾车者的警告牌。有一晚，儿子驾车穿行在澳洲草原的公路上，突然一个急刹车，定睛一看，发现前方有几只袋鼠横卧在公路上酣睡，我们正准备下车驱赶这些"拦路鼠"，儿子连忙伸出食指放在唇边示意安静，他轻轻告诉我们，晚上暖烘烘的柏油路上经常会有袋鼠前来栖息。与此同时，迎面驶来的车辆也悄然停下，熄了车灯。这群可爱的袋鼠，旁若无车，睡得更香。1分钟、2分钟、10分钟过去了，没有一声喇叭声，看不见一盏亮着的车灯，也没有人下车驱赶袋鼠。经过十几分钟，领头的袋鼠似乎发现了"礼让"的车辆，才对其家族成员打招呼，这群袋鼠才一跳一跳地跳回到一望无际的大草原上去了。

袋鼠

（二）人不能骚扰动物

在澳洲，如果你开车不慎，碾死一只乌鸦都得罚款。你敢打鸟，白人邻居就会把你告上法庭。有位中国内地去澳洲探亲的老人在女儿家闲得无事可做，就从花鸟市场上购得一只带笼子的五彩鹦鹉。鹦鹉每天都放声鸣叫，甚得主人喜爱。谁知，没几天区政府就接到邻居某白人老太太的投诉，称鹦鹉每天发出类似呼喊"救命"的叫声，有迫害动物之嫌。区政府有关部门随即派员上门查看，指出鸟笼太小，鸟在里面很不舒服，必须立即改进。迫于无奈，这位老人只得忍痛割爱，将喜爱的鹦鹉放生了。谁知这一举动，又遭到白人邻居的指责，说这只鹦鹉是人工繁殖喂养的，对人有依赖性，你放生了，它可能不会自己找食，就会饿死的，批评他太不负责了。

在悉尼住久了，你会发觉悉尼周边有好几个野生动物园，这些动物园展示动物的方式令人十分惊奇，就是它们居住区与贯穿其中的游人路径之间，并没有栅拦铁网，只以一些枯枝很随意地摆放着，以示隔绝标志。有人会纳闷，它们会

不会跑出来呢？在悉尼读中学的小孙女告诉我，会的，这样隔离的用意，是告诉游人绝不可以迈入禁区，但袋鼠和鸸鹋却可以在它们高兴时跨出枯树枝干随意活动，那时候游人就可以零距离地亲近它们，但必须保证不致引起它们的恐慌和不快。小孙女说，这种管理方式，是基于"人道原则"嘛，就是一切以这些动物觉得自由舒服为前提，人绝对不能骚扰动物，这一原则已在澳大利亚民众中形成共识。

六、人象共舞的泰国

泰国有"大象之邦"的盛誉。腿粗如柱，身似城墙的庞然大象，在泰国人民的心目中是吉祥的象征。有人说，泰国的大象，善解人意，勤劳能干，聪明灵性，既是廉价的劳动力，又是乖巧的旅游宠物。也有人会不以为然。或许在你的印象里，一头笨拙的大象，仅是观赏的蠢物而已，没有什么可故弄悬虚的。那接下来我们就对泰国风情好好了解一下吧。

在泰国的乡下，清迈市以北的丛林山区，是泰国大象的主要

出没之地，20世纪的60年代，泰国政府在这里建立了第一所"大象学校"，人们将捕获来的3～5岁的野象送入学校进行训练，经过12年的教育和实习，一般年满18岁的大象经过考试合格，就可"毕业"到社会上参观工作了。这些大象可工作40多年，身体无病，要到60岁才能"退休"。

在泰北山区，大象是最能吃苦耐劳的劳动模范。它能载重上千克，单那1米多长的大鼻子就能卷起1000千克重的东西。山高林密，坡陡路滑，大象从崎岖不平的山上把铁链缚住的巨木拉拽到积木场。积木场上专门有2头归拢木头的大象，它们呼扇着簸箕般的大耳朵，用2颗长牙一铲，用鼻子一卷，犹如吊车轻轻地把粗大木头夹了起来，按照主人的手势放到指定的位置，横七竖八的木头，很快就给你码得规规矩矩、整整齐齐的。游客还可以骑上象背，在蜿蜒的山道上悠哉游哉地逛上一圈，大象会毫无怨言、毫无索取地满足你的要求。

不同的场合，不同的环境，不

泰国大象

同的条件，大象都能找到自己的用武之地，为人类贡献自己的聪明才智。在乡村的山区里，大象默默无闻地劳作着，用汗水给人们创造了丰厚的物质果实。而在城市的游园里，大象则学人卖艺，哗众取宠，用智慧给人们带来了愉快的精神享受。位于芭堤雅东南的东芭文化村，每天吸引着一拨又一拨的游人观看大象的精彩表演。踢足球是人类的一项悠久的体育运动，而大象踢足球一点儿也不亚于人类，显得格调外稳健沉着，一脚凌空踢起，大于正常足球1倍的大象足球，准确地射入球门，有时游客去做守门员也无济于事。进了一个球，大象则呼扇两下大耳朵，向空中扬起鼻子，然后扬扬自得地绕场一周，不时地抬起前腿向人们示意。看到它那不可一世的骄傲神态，世界球星罗纳尔多的风采也要黯然逊色。表演完了节目，大象要向游人收取小费：发展市场经济，我的节目不能白看。它向四周张望着，把游人给的小费用鼻子准确无误地送入驯象师的衣袋中。有的游客和大象合影，它用鼻子将人轻轻地卷起，让你舒舒服服地坐在上面和它亲昵，直到照完相交了小费，才把你慢慢地放下来。如果不交小费，它就用鼻子卷着你在空中荡秋千。泰国的大象贪嘴好吃，谁的手中拿着香蕉一类的水果，它就会走到你的面前，先给你跳一段舞，然后站起来用两个前腿给你作揖，那憨态可掬的样子让你顿生欢喜。可是，没等你把食物给它，它早已把东西用长鼻子卷进了自己的嘴里。

最逗人、最有趣的是大象表演过人。寻求开心和刺激的游客，可以跑到场地上一字排开，然后让大象从你身上走过。对于男性，大象玩一些惊险的动作，它把前脚抬起来放在你肚子的上空悬而不落，那情景真让人把心提上了嗓子眼儿，一脚下去就能把肚肠子踩出了。然而有惊无险，它对男性不理不睬，显得漠然冷淡，倏然间从你身上一跃而过。而对于女性，大象则是兴

致勃勃，情有独钟，先用鼻子在两个脸蛋上轻轻地按摩，接着按摩两个乳房，慢慢地一下一下的，似乎怕弄疼了妙龄女郎。有的女性吓得发出尖厉的惊叫，大象依然故我，忘情地欣赏。而此刻的驯象员站在大象的腿下，用手摸着大象的肚子，表情漠然，似乎大象对女性的戏弄与他全然无关，其实他这是老母猪的鼻子插大葱——装象，大象的动作全是在他的授意下进行的。当这些滑稽的动作进行完了，大象向天空发出一声兴奋的长鸣，恋恋不舍地走了，那有点飘飘然的神态似乎在向人们说："泰国是男人的天堂、女人的世界，我们大象也要潇洒走一回。"

其耳如箕，其头如石，其鼻如杵，其脚如木，其脊如床，其肚如瓮的大象，其实它心有灵犀、与人相通、勤劳能干、灵性聪敏。你或许听过流传千年的瞎子摸象的故事，在泰国这块土地上人和象的和谐相处是值得很多地方学习的。

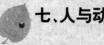

七、人与动物和谐相处的印度

去过印度的人都知道，那里

的动物不受约束，满街乱跑，因为每一个国家的法律都是约束人的，动物的智商很低，不会受到任何约束。因此，在印度的动物很自由。它们能毫无拘束地生活。不用担惊受怕。这和印度的文化传统有关系。

民以食为天，物产丰富必须要依赖农业的生产，这是基础中的基础。印度是一个农业大国，在这里就充分体会到这一点。农产品丰富，尤其是奶制品繁多。老鼠、猴子、乞士都不缺牛奶喝。

公牛与母牛在印度社会备受尊重，公牛为人类服务，帮助人类进行耕作，所以被视为父亲，母牛则为人类提供牛奶，哺育人类，所以被视为母亲。因此，在印度看到的公牛和母牛在大街上、马路上自由行走的现象比比皆是，所有的人或者是汽车都会绕道而行。他们也不会驱赶和恐吓它们。因为它们被平等地看待了。我们在温达文镇上看到了那些牛，在我们吃东西的时候会跑过来，等待布施。印度人马上会买一些面包之类的东西喂它们吃，而我们则无动于衷，甚至躲避这些牛。我们的思想意识和印度人的思想意识完全不一样。

我们是在与动物不能平等相处的传统中成长，既使养宠物也认为它们只是一只会动的玩物，常常强

牛在印度的大街上

加自己的做法于宠物，以为它们会快乐，实际上一条流浪狗比宠物狗快乐多了，因为它自由。动物园和马戏团里那些被囚禁而且被强迫训养的动物是最可怜的，它做着本应不是它所做的动作来取悦人们。动物病残后就遗弃或杀害。这是一种另类的残害和对生命的不尊重。

在温达文，到处可以看到猴子、狗、猪和骆驼，喜庆时还可以看到大象。小动物更多了有孔雀、鹦鹉、松鼠、鸽子和白露等。10月份的印度，田野上一片丰收的景象，在美丽的雅满娜河和恒河两岸，看到了很多从西伯利亚迁移过来的候鸟，自由自在地飞翔。一群群南飞的大雁点缀着蔚蓝的天空。这里是鸟的天堂，也是动物的乐园。清晨起来，看到有印度人在喂养那些流浪狗和猪。虽然它们很脏，但是，同样有自由生存的权利，有能力的人抚养没有能力的生物这是天律，这才是真正的平等原则。而我们则没有这种意识。看到不喜欢的动物就不理睬它们，或戮杀它们。

据韦达经典所述，在地球上有840万种生命形态，人类只占40万种，是以牛奶和蔬菜水果作为食物的种类。人类的身体结构可以看出，人类是以植食性为主的生物。由于这个传统源自印度，所以，印度素食的人口比例占全世界各国之首。据载，5000年前，整个地球是以帕拉特之地为中心，也就是现在的印度，很多历史事件都在这附近发生。当时，所有的动物都被视为是地球的居民。一个国家保护这个地区的生物不会受到伤害，是人类文明不可缺少的内容之一。随着年代的久远，人们已经忘记了这些传统，为了满足自己的感官而残害那些无辜的生命。韦达文献有记载，人可以吃肉，但是，要满足以下四个条件才能够吃：

第一，人要把准备杀的动物带到一个空旷无人居住，听不到被杀动物惨叫声音的地方才能动手；

第二，人要在月缺最后的一个漆黑的夜晚，也就是无人能看到的地方才可以动手；

第三，人只能杀两种动物，山羊和鸡；

第四，人在动手之前，要在动物的耳朵旁边大声地对它承诺说："由于我不能控制自己的感官，所以，今生以你为食物，来生我愿意作为你的食物被你所吃。"

如果满足了这四条原则，你的杀生就没有孽报，属于遵守经典原则的范畴。但是，你要付出生命作代价。由于这个原则的延续，印度社会素食的人群至今还有70%以上，即使肉食者也只吃山羊肉和鸡肉较多。

笔者在思考，看待一个社会的平等和谐，只是从外观上观察是发现不了的，应该深入到这个社会的里面去了解。在印度，为何感觉不到浮躁和紧张的气氛，反而到处都是一片祥和平静？这也许与这个国家的民众对动物的尊重有关系吧。

"平等"不是一个名词，而是动词。不应停留在口头上，而应付诸行动。尊重生命尊重动物也应列入生活议事日程中。如果每一个人的胃部都成为了动物的坟墓，人们每天都为了满足舌头而和动物的尸体打交道，嚼食它们，结果那些被杀的动物所发出的怨恨和痛苦的信息，便弥漫着整个大气空间，深度地污染着环境，冲击着我们的心灵。在这种空间里生存，人们心态扭曲，心烦气躁。哪里能够营造出祥和稳定的气氛呢？！

第七章
珍爱它们，我们应该怎么做

一、拒用珍贵野生动物制品

珍贵动物，是指国家重点保护的珍贵稀有的陆生水生野生动物。其不仅包括具有重要观赏价值、科学研究价值、经济价值以及对生态环境具有重大意义的珍贵野生动物，亦包括品种数量稀少、濒临绝迹的濒危野生动物。所谓珍贵野生动物制品，是指对捕获或得到的珍贵、濒危野生动物通过某种加工手段而获得的成品和半成品，如珍贵动物皮、毛、骨等制成品。

1988年11月8日，全国人大常委会通过的《中华人民共和国野生动物保护法》第九条规定："国家对珍贵、濒危野生动物实行重点保护。国家重点保护的野生动物分为一级保护野生动物和二级保护野生动物。"1988年12月10日，国务院批准并由林业部和农业部联合发布的《国家重点保护野生动物名录》中，共计258种国家重点保护珍贵野生动物，如大熊猫、金丝猴、猕猴、文昌鱼、白唇鹿、扬子鳄、丹顶鹤、天鹅和野骆驼等。

从法律层面来说，保护珍贵野生动物在国家的法律条规中已有

美丽的丹顶鹤

明文规定，这不仅意味着保护珍贵野生动物是刻不容缓的，更意味着保护珍贵野生动物是每个公民的责任。身为大自然生态系统中的一员，我们在享有自然给予的丰富资源的同时，也应当担负起保护自然的责任。因此，每个有责任心的人都没有理由置自然界的珍贵野生动物于不顾，都没有任何理由像一个局外人一样，肆无忌惮地占有、享用珍贵的野生动物制品。

随着互联网产业的迅速发展和网络贸易的快速普及，野生动物制品开始被不法分子搬上"网店"。网络交易的隐蔽性、匿名性和不易规范性，以及托运行业的监管不到位等诸多因素，让网络中的野生动物贸易被公认为是交易濒危野生动物的最佳途径。

在网络野生动物制品交易中，盘羊头、黄羊头、北山羊头、羚羊角、象牙、虎骨等制品成为收藏品；熊胆制品、虎骨酒、麝香等被作为保健品和滋补品；活体野生动物被作为宠物、食品及用品；玳瑁制品、各种野生动物的牙齿被做成流行首饰。

在网络交易中，以角雕、西牛角、西角、非洲牛角代称犀牛角及其制品，以牙雕、牙材等词汇称呼象牙及其制品，用海金、有机海洋宝石等代替玳瑁……这些掩饰背后，是对野生动物及其制品的违法贸易。珍贵的野生动物被剔骨去肉、精雕细刻，身上的"零件"无一幸免地被大肆出售。

2008年，国际爱护动物基金会一项调查报告显示，在为期3个月的检测期内，全球11个国家的183个在线交易网站上共有7122件非法野生动物制品在交易，可见，野生动物的生存已存在严重危机。

犀牛角做的工艺品

许多野生动物遭到人们的商业性开发，由于被认为"皮可穿、羽可用、肉可食、器官可入药……"便被肆意捕杀，导致部分野生动物灭绝，如北美野牛、旅鸽等。据统计，全球野生动物年非法贸易额达100亿美元，与贩毒、军火并称为三大罪恶。海狗因人类进补之需而血溅北极，藏羚羊因西方贵妇人戴

"沙图什"披肩炫耀之需而暴尸高原。为向日本、韩国出口熊胆粉，近万头熊被囚入死牢，割开腹部抽取胆汁；为取犀角使犀牛遭受"灭顶之灾"；为穿裘皮，虎、豹、貂都犯了"美丽的错误"……

为养宠物、为表演取乐、为医药实验……无数生灵都被列为"合理开发利用"的对象……对地球生态平衡起至关重要作用的野生动物都成了人们待价而沽、肆意开发的商品。每一个珍贵野生动物制品的背后都有一幕血淋淋的悲剧，也许野生动物制品的使用者不曾亲手屠杀过动物，但如果购买了野生动物制品，就变成了间接的屠杀者。

身份的高贵是由内而发的，身披珍贵野生动物制品，非但不能彰显高贵的身份，还会让人们的身体间接沾上动物的鲜血；身体的健康靠的是科学的锻炼和合理的营养，食饮珍贵野生动物保健品或滋补品，也许会适得其反。剥夺了珍贵野生动物的生存权利换来的却是不甚理想的效果，这不应该是一个热爱生命的人所追求的生活，更不是一个新时尚生活的追求者所应追求的。作为21世纪的时尚人士，作为新时尚生活的追求者，我们应杜绝使用野生动物制品，这不是一句两句口号，也不是一两个人的努力就可以解决的问题，它需要的是所有人的努力。

 ## 二、拒食野生动物

随着人们生活水平的提高，野味成了宾馆饭店招徕生意的招牌，蛇、鹿肉，甚至蝗虫、甲壳虫等都成了尝鲜人口中的佳肴。食用野生动物的人大多固执地认为，野生动物对人体具有独特的滋补和食疗作用。但科学研究表明，野生动物的营养元素与家畜家禽并没有区别。有关专家也提醒，乱吃野生动物对人体的健康不利，野生动物体内含有各种病毒，还携带各种寄生虫，吃野生动物会得出血热、鹦鹉热、兔热病等疾病，这些病因少见，对人体危害很大。

灵长类动物、啮齿类动物、兔形目动物、有蹄类动物、鸟类等多种野生动物与人的共患性疾病有100多种，如炭疽、B病毒、狂犬病、结核、鼠疫、甲肝等。我国的主要猴类猕猴有10%～60%携带B病毒。它把人挠一下，甚至吐上一口唾沫，都可能使人感染此类病毒，而生吃猴脑者感染的可能性更大。人一旦染上，眼、口处溃烂，流黄脓，严重的甚至会有生命危险。

饭店餐桌上的美味大多没有经过卫生检疫就进入灶房，染疫的野生动物对人体构成了极大的危害。野生动物带有各种病菌和寄生虫往往寄生在动物的内脏、血液乃至肌肉中，有些即使在高温下也不能被杀死或清除。因此，食客们在大饱口福时，很可能被感染上疾病。

在众多的野味中，人们食用蛇肉较多。但是，即使动物园中的蛇，患病率也很高，癌症、肝炎等几乎什么病都有，寄生虫更多。人们常喝蛇血和蛇胆酒，而蛇体毒很多，神经毒会导致四肢麻痹，血液毒能使人出血不止，但人们对此了解甚少，还一味地认为蛇血和蛇胆酒具有很高的药养价值。

蛇肉做的菜肴

甲鱼有一种别的动物身上没有的寄生虫——水蛭。这种寄生虫将卵产在甲鱼体内，如果生食甲鱼血、胆汁很容易连同这些虫卵带进体内，造成中毒或严重贫血。

专家的研究证实，由于环境污染，许多野生动物深受其害。有些有毒物质通过食物链的作用在野生动物身上累积增加，人食用这种野生动物无疑会对自身健康形成危害。另外，野生动物生存的环境广泛而复杂，许多动物体内存在着内源性毒性物质，不经检验盲目食用也会对人的健康和生命造成危害。

野生动物是生物链中重要的一环，不能无节制地捕杀。即使捕杀不受国家保护的动物，也要办理相应的手续，通过卫生检疫后方可食用。

2003年流行的SARS病毒，目前医学科学家高度怀疑为吃野生动物所致。许多野生动物是自然疫源地中病原体的巨大"天然储藏库"。历史上重大的人类疾病和畜禽疾病大多来源于野生动物，如人类的艾滋病、埃博拉病毒来自灵长类；感染牲畜的亨德拉病毒、尼巴病毒来自于狐蝠；疯牛病、口蹄疫等也与野生动物有关；鼠疫、出血热、钩端螺旋体、森林脑炎等50多种疾病来自于鼠类。一幕幕人间灾祸，告诉我们食用野生动物不仅是野生动物的灾难，更是人类自身的灾难。人们在随意猎杀、食用野生动物的同时，也为自己埋下了灾难的伏笔。作为新时尚生活的追求者，一定要认识到使用野生动物的危害，不要一味吃奇吃鲜，甚至把吃野生动物当成身份的象征。为了保护生态，也为了人类自身的健康，要拒绝食用野生动物。

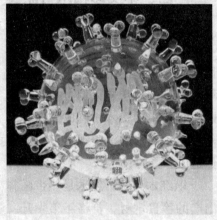

SARS病毒

 ## 三、不制作、不购买动植物标本

标本采集制作是从欧洲文艺复兴时期兴盛起来的一种认识生物、鉴别物种的手段，在生物学的研究、教学中有重要作用。在自然生境完好、少数研究者只为研究目的采集标本时，采集标本对认识自然有益，也构不成对自然的破坏。

现今，自然平衡相当脆弱，大自然成了需要人类保护的对象，再随意采集标本，自然界难以承受。我国是北半球生物多样性最为丰富的国家。由于人口持续增加和工农业生产的发展等原因，野生动植物资源遭到严重破坏。一些野生动植物因生存环境恶化，数量锐减甚至濒临灭绝。在这种自然环境状况下，再随意采集标本，不仅对野生动植物是一种威胁，对自然生态环境也会造成破坏。

近年来，许多学生在野外实习时随意大量捕鸟、扣蝶、拔草、采花……对研究对象构成了破坏。另外，一些商人以赚钱为目的，希望每个学校都建标本室，以做其标本生意。把活的野生动植物弄成死的，使无价之宝变成有价之货，这对野生动物来说也是一种灾难。

对于21世纪的人们来说，追求绿色生活是一种新时尚，鉴于动物资源的日益缺乏，我们应该认识到标本制作仅仅是认识自然的一种手段，而非目的。既然来到野外，就应当就地识别或拍照，看标本远不如看活体效果好。另外，想观摩动植物标本，一些大博物馆、动物园有制作现成的标本，且都栩栩如生。

现代人装饰家庭时，不少人都喜欢在家里装饰野生动物的标本。动物标本的传统制作方法是要用砒霜的。制作时，首先要在皮内部涂抹砒霜防腐，之后还要定期用防腐药熏蒸，否则标本就会变形。因为砒霜本身就是挥发性药物，也许短时间不会有什么感觉，但时间一长，就会散发出难闻的气味。这些气味如果被人体过多地吸入，就会产生各种不良反应，严重者会罹患其他疾病。目前，国内绝大部分标本仍采用传统方法制作，所以非常不适合家庭摆放。

作为追求时尚生活的一族，追求房屋装饰的时尚无可厚非，但装饰得再华丽再时尚的房屋也是为了住得舒服，也得为了自身的健康考虑，所以还是远离动物

标本这种慢性的毒药为妙。想要装饰房屋，做房屋装饰的时尚一族，可以选用市场上既环保又美观的装饰品进行装饰。

 ## 四、不买珍稀木材家具

现今，社会上形成一种盲目攀比、追求奢华的消费风气。"物以稀为贵"的思想使人们舍得花高价购买和使用珍贵木材制成的家具。然而这种畸形的消费观念正对大自然造成严重的破坏。

以红木为例，红木是热带雨林出产的珍贵木材，价格年年攀升。据调查，过去一两元一双的红木筷子现在卖到上百元；10年前几百元就可买到的红木家具，现在几万元也难觅。甚至上百万元的红木家具照样有人购买。

在我国，红木是严禁砍伐的，现在的红木家具都是进口的。然而任何地域的热带树木的砍伐都会破坏热带雨林。1万年前，地球上约1/2的陆地被森林覆盖，约62亿

博物馆中的动物标本

公顷，但如今只剩下28亿公顷了。全球的热带雨林正在以每年1700万公顷的速度减少，用不了多少年，世界的热带雨林资源就会被全部破坏。雨林是地球之肺，失去了肺的地球，后果将会不堪设想。珍贵木材取自珍稀树种，而珍稀树种是不可复生的自然遗产。保护雨林、保护珍稀树种需从拒绝消费珍贵木材制品做起。

红木家具

提起圣诞节，人们就会联想到圣诞老人、雪橇、装在袜筒里的礼物，当然还有圣诞树，一般是用枞树做的。以前在西方，人们在圣诞节来临之前到山里或原野上砍下一根根枞树的主干，然后扛回家，插在屋里或院里，用这主干和它的枝杈做"树"，并在"树"上挂些装饰物，比如扎些彩带，挂些铃铛或彩灯，把它布置得五彩斑斓。而这棵"树"实际上是棵死树。也有人直接用刨下来的整棵树做圣诞树，但是节日一过，圣诞树照样被扔掉，成了烧火之柴或垃圾。近年来，圣诞节也在我国悄然兴起，这本无可厚非。令人遗憾的是，有人总觉得过圣诞节不砍棵树不过瘾，找不到枞树就砍棵别的树，人的节日变成树的死期。即便是人工制作的假树也是先浪费资源再污染环境。

我国属于森林资源匮乏的国家之一。森林对于人类至关重要，主要表现在森林提供了供人和动物呼吸的氧气，吸收工业和生活排放的二氧化碳；森林调节地表径流，涵养水源，避免水土流失；森林减低风速、吸附尘埃，吸收硫化物等有毒气体；城市绿化带消纳噪声，降低噪声污染；森林是地球上生命最为活跃的保护生物多样性的重要地区。然而，森林正在迅速消失。如果失去森林，地球生态系统就会崩溃，人类就将无法生存。

如果失去森林，人类面临的是崩溃的生态系统，那么人还有什么资格去追求时尚生活呢？一个真正追求时尚生活的人不会去毁掉自己生存的底线，因此作为21世纪追求新时尚生活的人，所选择的是追求绿色生活，而这种绿色生活应该在人们的生活中真实地体现出来。森林因其在人们生活中的地位，毫无疑问是人们所要保护的对象。对于一个追求绿色生活的人来说，这种保护森林的使命渗透在生活中就是要拒绝消费木材类用品，尤其是珍贵木材类用品。

 五、使用再生纸

再生纸，顾名思义，就是以废纸做原料，将其打碎、去色制浆后再通过高科技手段，经过多种复杂工序加工生产出来的纸张。它的颜色比普通纸暗一些，其白度在82～85度之间（正是用眼最佳亮度）。再生纸原料的80%来源于回收的废纸，因而被誉为低能耗、轻污染的环保型用纸。

城市废纸多种多样，厂家回收后，将它们分为60多类，以不同类别的废纸为原料再制成不同的再生复印纸、再生包装纸等。一般可以分为两大类：一类是挂面板纸、卫生纸等低级纸张，另一类是书报杂志、复印纸、打印纸、明信片和练

习本等用纸。许多国家已经生产和使用这两类纸张。其中，生产再生复印纸的原料就是办公用纸、胶版书刊纸以及装订用纸等几类原本纸质就相对较好的城市废纸，其生产过程要经过筛选、除尘、过滤、净化等10多道工序，工艺复杂，科技含量很高。

使用再生纸有以下几个方面的好处：

（一）保护环境

森林可以为人类提供氧气、吸收二氧化碳、防止气候变化、涵养水源、防风固沙、维持生态平衡等。现在，地球上平均每年有4000平方千米的森林消失。我国的森林覆盖率只有世界平均值的1/4。据统计，我国森林在10年间锐减了23%，可伐蓄积量减少了50%。云南西双版纳的天然森林，自20世纪50年代以来，每年以约1.6万公顷的"进度"消失，当时55%的原始森林覆盖面积现已减少了1/2。根据造纸专家和环保专家提供的资料表明：1吨废纸可生产品质良好的再生纸850千克，节省木材3立方米（相当于26棵3～4年的树木），按北京某造纸厂生产2万吨办公用再生纸计

算，一年可节省木材6.6万立方米，相当于保护52万棵大树，或者增加5200亩森林。如果把今天世界上所用办公纸张的一半加以回收利用，就能满足新纸需求量的75%，相当于800万公顷森林可以免遭砍伐。

（二）节约资源，减少污染

1吨废纸再造成再生纸，可节省化工原料300千克，节煤1.2吨，节水100吨，节电600度，减少35%的水污染，并可减少大量的废弃物。

（三）保护"两球"

经科学检测，纸越白在日光灯下反射的光越强，对人的视力越有害。按当前国际通用标准，纸张白度不应高于84度，再生纸的白度为84～86度。而原木浆纸的白度可达到95～105度。目前，国际上最流行的是83度的本色再生纸，因为本色再生纸能保护两球——地球和眼球。

（四）有利于推进循环经济

循环经济就是按照生态规律，对生产、运输、消费和废物处理进行整体设计，运用高科技手段，实现资源的减量化、废弃物的资源化。把资源生产消费废弃物的单向运作方式的终点变为二次资源。再生纸正是通过高科技手段，使废物得以重新利用，实现了废弃物的资源化。

再生纸做的铅笔

（五）有利于塑造具有时代特征的城市精神

政府带头使用再生纸，可促进社会消费观念的更新，是在全社会倡导资源意识、环保意识、培育再生纸市场，以实际行动迎接2010年世博会在上海的召开。另外，使用再生纸名片，是文明和时尚的象征，也是文化和道德观的体现。对于商业人士来说，递出一张再生纸名片，就为拯救环境出了一份力。15盒再生纸名片就等于保护了1棵大树，节约一张纸是小事，但如果我们每个人都从节约一张纸做起，那就是影响中国环境的大事，关系到贯彻科学发展观的大事，因此使用再生纸是用心灵为绿色城市作贡献，是为子孙后代留一片绿洲，一张小小的名片把文明和环保行为体现在实际行动中。对于普通的非商业的民众来说，使用再生纸不仅是崇尚文明和时尚的象征，而且体现了使用者的文化和道德。

我们的日常生活中，需要我们在日常生活中秉持简单生活的信念，真正把保护环境的信念贯彻到人们的日常生活中。

 ## 六、做一个绿色消费者

绿色消费，也称可持续消费，是指一种以适度节制消费、避免或减少对环境的破坏、崇尚自然和保护生态等为特征的新型消费行为和过程。绿色消费的重点是"绿色生活，环保选购"。绿色消费以保护消费者健康为主旨，符合人的健康和环境保护标准的各种消费行为和消费方式。具体来讲，绿色消费应包含健康安全、节能、环保、可持续性等要点。可以说，绿色消费包括的内容非常宽泛，不仅包括绿色产品，还包括物资的回收利用、能源的有效使用、对生存环境和物种的保护等，可以说涵盖生产行为、消费行为的方方面面。

国际上公认的绿色消费有三层含义：一是倡导消费者在消费时选择未被污染或有助于公众健康的绿色产品；二是在消费过程中注重对废弃物的处置，不造成环境污染；三是引导消费者转变消费观念，崇尚自然、追求健康，在追求生活舒适的同时，注重环保、节约资源和能源，实现可持续消费。绿色消费已得到国际社会的广泛认同，国际消费者联合会从1997年开始，连续开展了以"可持续发展和绿色消费"为主题的活动。

在国内，原国家环保总局等6个部门在1999年启动了以开辟绿色通道、培育绿色市场、提倡绿色消费为主要内容的"三绿工程"；中国消费者协会则把2001年定为"绿色消费主题年"。

近二三十年来，绿色消费迅速成为各国人所追求的新时尚。据有关民意测验统计，77%的美国人表示，企业和产品的绿色形象会影响他们的购买欲望；94%的德国消费者在超市购物时，会考虑环保问题；在瑞典，85%的消费者愿意为环境清洁而付较高的价格；在加拿大，80%的消费者宁愿多付10%的钱购买对环境有益的产品。日本消费者对普通的饮用水和空气都以"绿色"为选择标准。

"绿色革命"的浪潮一浪高过一浪，绿色商品大量涌现。绿色服装、绿色用品在很多国家已很风行。瑞士在1994年推出"环保服装"，西班牙时装设计中心推出"生态时装"，美国已有"绿色电脑"，法国已开发出"环保电视机"。绿色家具、生态化的化妆品，也逐步走入世界市场；各种绿色汽车正在驶入高速公路；使用新的生态建筑材料建成的绿色住房业已出现。总之，绿色消费已渗透到人们生活的各个领域，它在人们日常消费中的地位越来越重要。

绿色消费者是指那些关心生态环境、对绿色产品和服务具有现实和潜在购买意愿和购买力的消费人群。也就是说，绿色消费者是那些具有绿色意识，并已经或可能将绿色意识转化为绿色消费行为的人群。

一般消费者在基本的生理需求满足以后，便开始追求超越"物质"的生活，向往美好的生活品质——关注我们赖以生存的地球，关心人与自然的可持续、协调发展，这样就会逐渐发展成为一位绿色消费者。人们绿色消费意识的产生和绿色消费的实践行动，主要来源于以下三个方面：一是日益严重的环境问题损害了人们的正常生活，引起了人们的密切关注；二是环保知识的普及推广，全社会对环保运动的推动，提高了消费者在环保方面的认识；三是消费者的个人绿色消费经验的积累，从中感受到绿色消费对自身和社会的好处。比如，一位消费者开始尝试了绿色食品，出现了好的效果，会产生强化作用，增强他对绿色产品的好感和信心，然后也许会扩大绿色消费的范围，购买节能家电、绿色家具等。

七、植树造林，建设美好家园

植树造林，绿化祖国是我国保护环境和资源基本国策的重要内容。新中国成立以来，党中央、全国人大和国务院多次发出指示，要求全党动员，全民动手，采取有利措施，大力植树造林，加快国土绿化过程，增加森林资源，尽快扭转林业落后的局面，为改善生态环境和全面建设小康社会作贡献。

贯彻党中央、国务院关于大力开展植树造林的决定，坚持全国动员，全民动手，全社会办林业，全民搞绿化，坚持依靠乡村集体造林为主，积极发展国有造林，并鼓励农民个人植树，发动城乡广大群众和各行各业扎扎实实地植树造林，各级人民政府要制订植树造林计划，因地制宜地确定本地区森林覆盖率的奋斗目标，同时组织各行各业和城乡居民完成植树造林规划确定的任务。大力抓好对公路、铁路、河渠、堤坝沿线进行绿化美化的绿色通道建设。大力开展宜林荒山荒地的造林绿化活动，充分调动单位和个人造林的积极性，在荒山荒地营造的林木归单位和个人所有。各行各业都应当把造林绿化作

为本部门的一项生产建设任务。凡以木材为原料的大型企业，都应提取一定数额的造林绿化资金，专门用于营造用材林。普遍实行造林情况的检查验收制度。从实际出发，根据不同条件，分别制定消灭宜林荒山的标准，达标一个验收一个，一个县一个县地狠抓落实，消灭宜荒山林。对在植树造林方面成绩突出的单位或者个人，由各级人民政府给予奖励。

宜林荒山荒地的造林绿化，是提高植被覆盖率的主要途径。在造林绿化工作中，必须把充分发挥生态效益作为基本原则。要从实际出发，因地制宜、统筹安排、分期实施。在植被配置上，坚持适地适树（草），乔、灌、草相结合，宜乔则乔，宜灌则灌，宜草则草；在造林方式上，实行封山育林、飞播造林、人工造林相结合，宜封则封，宜飞则飞，宜造则造；在林种布局上，凡生态区位重要的

植树造林

地域，要营造各种防护林，兼顾地区经济发展和农民增收，在气候、雨水条件适宜、地势较平缓、不易造成水土流失的区域，可合理发展一些经济林和速生丰产用材林；在树（草）种选择上，以适生、抗性强的乡土树种为主，尤其是干旱地区，应主要选择耐旱树种或草种并积极引进适宜的优良品种。

在开展植树造林工作的过程中，还要按照《全国人民代表大会第四次会议关于开展全民义务植树运动的决议》等有关规定，深入开展全民义务植树活动，采取多种形式发展社会造林。不断丰富和完善义务植树的形式，加大适龄公民履行义务的覆盖面，提高义务植树的实际成效。义务植树要实行属地管理，农村以乡镇为单位、城市以街道为单位，建立健全义务植树登记制度和考核制度。进一步明确部门和单位绿化的责任范围，落实分工责任制，并加强监督检查。绿色通道工程要与道路建设和河渠整治统筹规划，合理布局，加快建设。城市绿化要把美化环境与增强生态功能结合起来，逐步提高建设水平。鼓励军队、社会团体、外商和群众造林，形成多主体、多层次、多形式的造林绿化格局。

八、我们要努力行动

（一）"给我们建条生态通路吧！"

位于加拿大落基山脉的一个公园，在高速公路周围设了铁丝网，避免动物走进高速公路被车撞伤。公园又在高速公路的上层设了一座铺着绿色地毯的天桥，底下设了一个安全通道。这样动物们就可以安全通过公路了。

韩国的世界杯公园为了方便野生动物喝水，在斜坡开凿了水洞，还在排水口设了保护网，防止蜥蜴随着水流出去。

（二）"与野生动物保持一段距离。"

爱护野生动物最好的办法是远离它们，尽量不要干扰它们的生活。在山上如果遇见了可爱的野生动物，不要向它们投食物，也不要追着动物跑。

动物们一旦喜欢上人类喂它们的食物，就不再愿意自己寻找食物了。这样的话，这些野生动物会越来越难以适应野生环境。

人们总是觉得考拉可爱而想抱抱它。但是人们从未想过这种举动对于考拉来说是一种很烦恼的事情。心情烦躁的考拉有时可能生不出宝宝。

动物也有自己的生活。动物们的私生活也需要像人类一样得到尊重。

可爱的考拉

（三）"我们不喜欢听回音。"

人们到了山顶，经常喜欢大喊："噢！耶！"可是这种声音和它引发的回音对于动物来说有点刺耳。

大多数野生动物是用四只脚着地走路。一些野生动物个子不高，从脚跟到肩膀的距离很短。它们的耳朵很灵敏，所以对周围传来的声音和震动很敏感。

"噢！耶！"的声音对人类来说是一种欢呼，但是对动物来说是一种噪声。

（四）"让我们把冰山还给北极熊吧！"

地球的温室效应使得北极的冰层开始融化，导致一些北极熊消失。为了防止地球温室化，我们能做的事情有哪些呢？

多走路、多骑自行车、少开车；

多种树木；

电器不用时，拔掉插头；

不要在冰箱里存放很多食物；

减少使用空调和微波炉的次数；

冰箱上面不贴磁贴……

（五）"连一滴油都不浪费。"

河水里滴一小勺食用油就会被

污染。河水被污染，生活在里面的小鱼就会死亡。为了让小鱼重新在水中健康地生活，需要花费很大的力气。所以沾着油的小碟子不要马上放入水中，要先用餐巾纸把小碟子擦干净以后再洗。

（六）"我们要记住地球上已经灭绝的生物。"

"地球上曾生活过长得像袋鼠的塔斯马尼亚狼，很久以前地球上生活着不会飞的鸟——嘟嘟鸟，这些你都知道吗？"

多给朋友讲一讲地球上已经灭绝的生物的故事吧，另外，为了让

亚洲黑熊、老虎等动物不从我们身边消失，要多多关心它们的安危。

（七）"我们要遵守与自然的约定。"

从表面上看来，地球上的一种生物以其他生物为食物，又被其他生物当做食物。但是实际上地球上的生物是互相帮助的，都遵守着和睦相处的约定。谁都不能只顾自己，不顾别人。在漫长的岁月里，不论是巨大的鲨鱼还是一只小小的蚂蚁，每种生物都要严格遵守这个约定。

但是一些人就没能遵守这个约

我们美丽的大自然

定。他们希望赶走生物，得到更广阔的土地。他们觉得什么事情都可以轻而易举地实现。

不遵守与自然的约定，地球就会变得杂乱无章。人们不得不食用生活在污水里的小鱼，在荒芜的土地上收割长势不好的庄稼。

不遵守与自然的约定，就得不到自然的任何帮助。地球上的所有生物都是生活在一个食物链里，只要其中一种生物消失，那么其他生物的生活也会受影响。我们应当重新回想一下我们与大自然的约定——所有生物都要互相帮助、和谐地在这个地球上生活。

让已经灭绝的生物重新回到家园需要很长时间，但是不管多么困难，我们都要努力。因为它们是我们健康的守护者，同时也是与我们一起生活的亲人。